广东省精品资源共享课教材

有机化学实验

（第五版）

◎ 主　编　　曾向潮
◎ 副主编　　唐　渝　　王　涛
　　　　　　郭书好　　冯鹏举

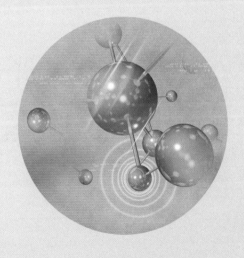

华中科技大学出版社
http://press.hust.edu.cn
中国·武汉

内容提要

　　《有机化学实验》(第五版)是广东省精品课程教材。全书包括有机化学实验的一般知识,基础实验,设计性实验、综合实验,以及附录等四个部分。基础实验均配有实验指导,有利于学生自主学习,适应于开放实验。

　　本书可供化学、化工、生命科学、医学、药学、生物医学工程、食品、材料、环境等相关专业不同层次学生使用,也可供有关人员参考。

图书在版编目(CIP)数据

有机化学实验/曾向潮主编. —5 版. —武汉:华中科技大学出版社,2023.1(2025.1重印)
ISBN 978-7-5680-9068-1

Ⅰ.①有… Ⅱ.①曾… Ⅲ.①有机化学-化学实验 Ⅳ.①O62-33

中国国家版本馆 CIP 数据核字(2023)第 000362 号

有机化学实验(第五版)
Youji Huaxue Shiyan(Di-wu Ban)

曾向潮　主编

策划编辑:陈培斌
责任编辑:陈培斌
封面设计:刘　卉
责任监印:周治超
出版发行:华中科技大学出版社(中国·武汉)　　电话:(027)81321913
　　　　　武汉市东湖新技术开发区华工科技园　　邮编:430223
录　排:华中科技大学惠友文印中心
印　刷:武汉市籍缘印刷厂
开　本:787mm×1092mm　1/16
印　张:12　插页:1
字　数:296千字
版　次:2025 年 1 月第 5 版第 2 次印刷
定　价:38.00 元

本书若有印装质量问题,请向出版社营销中心调换
全国免费服务热线:400-6679-118　竭诚为您服务
版权所有　侵权必究

第五版前言

随着党的二十大的召开,国家、民族进入了发展的新时期。二十大报告明确提出,教育、科技、人才是全面建设社会主义现代化国家的基础性、战略性的支撑。坚持科技是第一生产力、人才是第一资源、创新是第一动力。要坚持教育优先发展,建设教育强国,坚持为党育人,为国育才,全面提高人才自主培养质量。加快推进教育现代化、建设教育强国、办好人民满意的教育,努力培养担当民族复兴大任的时代新人,培养德智体美劳全面发展的社会主义建设者和接班人。报告明确指出了教育在社会主义现代化强国建设和中华民族伟大复兴征程中的重要使命。报告还对学科建设和教材建设问题给予了特别的关注,并提出要加强基础学科、新兴学科、交叉学科建设。

《有机化学实验》(第五版)是在曾向潮、郭书好等编写的《有机化学实验》(第四版)的基础上,在新时代背景下,根据21世纪我国高等教育培养目标和有利于培养基础学科、新兴学科、交叉学科人才,有利于培养担当民族复兴大任的时代新人、德智体美劳全面发展的社会主义建设者和接班人的要求修订而成。本教材在内容上仍以合成与提取实验为主,增厚了设计性实验和综合实验,保留少量有特色的验证性实验。本次修订继续秉承以厚基础、宽专业、适应性广、突出综合性和绿色化学理念、利于学生的系统学习与训练为原则。在编写和修改过程中,我们力图使实验内容有代表性,覆盖面广,且较精练,既减少篇幅,又能满足更多专业的需要。因此,我们把某些基本操作(如萃取、分馏、升华等),以及利用光谱技术鉴定分析化合物结构等内容结合在实验中介绍。为适应不同专业和课程的选用,增加和扩宽了设计性实验和合成实验内容,以供化学、药物化学、材料化学、有机合成等专业(课程)选修。基础实验部分,各实验后面均附有实验指导,以便于学生预习和了解实验的关键问题。

全书包括有机化学实验的一般知识、基础实验(含实验指导)、设计性实验和综合实验、附录等,可供化学、应用化学、化工、生命科学、医学、药学、生物医学工程、食品、材料、环境等相关专业不同层次的学生使用。

本书的特色如下:

(1)突出绿色化学理念。本书以小量、半微量实验为主,减少实验毒性,注意引入环境友好试剂、溶剂和微波反应等。注意联系实际,增强综合利用,减少消耗,提高学生的学习兴趣。同时,通过实验引导学生树立绿色化学思想观念和增强环保节能意识。

(2)强化基础,重视设计性、综合性。本书在加强基本操作、技术、基础实验,提高学生实践能力的同时,进一步增加设计性实验和综合实验(含连续合成实验),并把有机波谱分析和一些较新的现代合成方法与技术融入实验教学内容中,使学生了解和掌握有机化合物现代合成方法与结构鉴定,以利于培养学生的创新意识和认真细致的工作方式。

(3)实验指导齐全。基础实验均附实验指导,有利于学生自主学习,提高实践能力,适应开放实验和多种相关专业(课程)使用。

(4)采用立体化教学,以学为主。编者利用多年来的教学研究成果制成了20个"典型有机化学实验操作与仪器介绍"二维码,并将这些二维码附于书中相应位置,有利于学生自主学习,提高实践能力。

本书由暨南大学和广州中医药大学共同修订。参加修订的教师有暨南大学曾向潮、唐渝、郭书好、冯鹏举、张金梅、李毅群、徐石海、廖小建、周美云和谢瑜珊等,广州中医药大学王涛、何建峰、李熙灿和陈传兵。全书由曾向潮、冯鹏举校核,最后由曾向潮修改定稿。

本书的修订出版得到暨南大学、广州中医药大学、华中科技大学出版社等的关心和支持,在此表示衷心感谢。

由于编者水平所限,书中缺点和错漏难以避免,恳请读者批评指正。

编　者
2022 年 12 月

第一版前言

《有机化学实验与指导》是参照有关教学大纲的要求,结合暨南大学的特点和教学经验,在原《有机化学实验》讲义的基础上,进行修改补充并增加"实验指导"内容编写而成。

全书分为有机化学实验的一般知识、基本实验、参考实验和附录等四部分。本书的编写根据非化学专业学生的特点、兴趣和需要,以训练学生的基本实验技能为重点。在内容的安排上,除选用了少量专门的基本操作实验外,还选择了部分时间短,原料易得、毒性小,又有实际意义的制备实验。特别强调了重要的基本操作。为了增加学生对有机物的感性认识,减少与中学化学实验重复的内容,我们仅选编了少量有特色的性质实验。

实验指导是做好实验必不可少的教学辅导环节,因此,我们在基本实验部分特地增加了这项内容,以便于学生预习和了解实验的关键问题,启发学生进一步深入思考。对有些基本操作或实验技术,则在有关制备实验中作了介绍,并在实验指导中进行了简要说明,这样既可以减少篇幅,又能通过有限的实验,使学生掌握从事有机化学实验的能力和技巧。

此外,在第三部分我们还选编了一些较复杂的多步反应,外消旋体的拆分,有机化学的新技术、新反应(如相转移催化反应、光化学反应、微型实验等),以及有关研究成果等作为参考实验,供师生参考,同时,也可用于不同专业实验的调整。

为了便于查阅,书后附录中选编了有机化学常用的辞典、手册、实验参考书书目,化学物质的毒性和常用试剂的配制方法等资料。

本书是暨南大学化学系有机化学教研室长期以来教学经验的集体总结。在编写过程中得到了该教研室全体教师的关心和支持,具体参加编写工作的有郭书好副教授、罗新祥副教授、阮秀兰高级实验师、蒋笃孝副教授四位同志,实验部分由郭书好、阮秀兰通读整理,全书由郭书好定稿。

本书在筹备出版过程中得到暨南大学出版社、暨南大学教务处、化学系的大力支持和帮助,在此表示衷心的感谢。

由于我们的水平有限,书中错误在所难免,热诚欢迎读者批评指正。

编　者
1995 年 10 月

目　　录

第一部分
有机化学实验的一般知识

1.1　实验室规则

　　有机化学实验是有机化学学科的基础,是学习有机化学的一个重要方面。为了保证实验的高效、安全进行,确保实验课高质量完成,培养良好的实验习惯和工作作风,学生必须遵守下列实验室规则。

　　(1)进入实验室前,需要经过实验安全培训,掌握必要的安全防护措施、危险的应急处置方法等。

　　(2)实验前要做好一切准备工作,预习有关内容,完成预习报告,做到心中有数。

　　(3)在实验室内不得穿拖鞋或凉鞋,应穿实验工作服以保护身体,必要时戴防护眼镜。

　　(4)在实验室内应遵守秩序,保持安静,实验时要集中精神,认真操作,仔细观察,要善于独立思考并如实做好实验记录,不得擅自离开。

　　(5)听从教师指导,注意安全,严格按照操作规程进行实验。如发生意外事故,应立即报请指导教师,及时处理。

　　(6)要爱护公物,公用器材用完擦(洗)净后放回原处。公用药品用完应立即加盖,避免吸潮或污染。注意节约水、电和实验试剂,损坏仪器要及时报损补齐。

　　(7)不得将有毒药品、试剂带出实验室。

　　(8)完成实验后,应保持仪器、桌面、地面、水槽的整洁,然后检查水、电、煤气、气瓶是否关好,经教师检查同意后方能离去。

1.2　实验室的安全

　　在进行有机化学实验操作时,要接触各种化学试剂、使用多种电器设备和玻璃仪器、用到明火并处理废弃物等,而有机试剂大多易燃、易爆、有毒,如使用不当,易引起着火、中毒事故。为了保障学生顺利地完成学习任务并在将来工作时具有一定的预防及处理事故的知识与能力,在实验课内,教师介绍事故的预防及处理的常识是十分必要的。实验事故的预防及处理首先是指对于可能发生的事故采取防范措施,同时还应清楚在事故发生后,如何正确、迅速、果断地处置,以控制、消灭事故,使损失减少至最小限度。

　　需要强调指出的是,应当以预防为主,把事故消灭在萌芽状态。所以,在本书实验中,大部分有安全提示的内容。学生在进入实验室之前,应仔细阅读,做好预防准备工作。

1.2.1　着火事故的预防及处理

实验室使用的有机溶剂大多是易燃的,着火是有机实验室里较易发生的事故,必须充分注意,预防事故的发生。

(1)正确使用酒精灯、酒精喷灯和电热设备,严格检查各种不安全因素,发现问题及时处理。

(2)不能使用烧杯或敞口容器盛装易燃物,加热时,应根据实验要求和易燃物的特点选择热源;蒸馏乙醚、丙酮等低沸点易燃液体时,必须远离明火。

(3)使用金属钠时应谨慎,不能将其与水接触;含有钠残渣的废物不得倾倒入水槽或废物缸内,应用乙醇处理。

(4)实验室不要存放大量易燃物,实验台面不准摆放易燃物。

(5)如发生着火,必须保持镇静,不要慌张,及时采取措施,防止事故扩大。首先关闭电源、切断火源,移开未着火的易燃物,然后根据易燃物的性质和火势采用不同的方法扑灭:①容器内着火,可用石棉网、湿布盖灭,绝不要用口去吹;②打翻容器着火,可用大块湿布、麻袋或沙扑灭,再用灭火器扑灭,千万不要用水冲;③衣服着火可用麻袋裹灭,或赶快卧倒在地上滚灭,切勿乱跑;④轻微烧伤可涂万花油或烧伤油膏,若受伤较重,迅速送往医院治疗。

1.2.2　爆炸事故的预防

爆炸的破坏力极大,为了防止爆炸事故的发生,应特别注意以下几点。

(1)乙醚应放置在阴凉远离明火处。放置稍久的乙醚,使用前必须检查是否有过氧化物形成,若有,应除去过氧化物再进行蒸馏,否则蒸馏时会发生剧烈爆炸。

(2)在空气未除尽前,切勿点燃氢气、乙烯或乙炔等气体。

(3)金属钠、钾遇水易燃烧、爆炸,使用时应特别小心。

(4)在进行蒸馏、分馏或回流等操作时,要检查整个装置是否与大气连通,不能是密闭系统;在进行减压蒸馏时,要检查所用容器的质量,器壁过薄、器皿有裂痕等在减压时易发生爆炸。所以,在进行减压蒸馏时,要有安全保护装置。

此外,有机药品中还有其他易燃易爆物质,如苦味酸、三硝基甲苯、叠氮化物、雷酸银等,使用时应多加注意。总之,必须先了解实验物质的性能,然后进行操作,切不可大意。

1.2.3　割伤、烫伤、灼伤的预防及处理

1. 割伤

玻璃仪器使用不当造成破损时,碎片易割伤皮肉。如使用带锋利边沿的玻璃管、用橡皮管连接玻璃管、将玻璃管或温度计插入软木塞或橡皮塞等,由于操作不当易引起割伤。若被割伤,应先把伤口处的玻璃屑取出,涂上碘酒,再用消毒纱布包扎。严重割伤时,应及时送医院处理。

2. 烫伤

在基本操作实验中,常有烫伤事故发生,操作时应多加注意。轻伤者,可涂万花油或烧伤油膏。严重烫伤时,应及时送医院处理。

3. 灼伤

实验时,使用强酸、强碱、溴等,若不注意,可能会造成灼伤事故。因此,取用有腐蚀性的化学药品时,应小心操作,如有可能,应戴橡胶手套和防护眼镜。

发生灼伤时,要根据不同的灼伤情况采取不同的处理方法。

(1)被酸、碱灼伤时,应立即用大量清水冲洗,然后,酸灼伤用3‰～5‰的碳酸氢钠溶液洗,碱灼伤用2%的醋酸溶液洗,最后再用水冲洗;严重灼伤者要消毒灼伤面,并涂上抗生素软膏,送医院治疗。

(2)被溴灼伤时,应立即用大量清水冲洗,再用酒精擦至无溴液存在,然后涂上甘油或烧伤油膏。

此外,除金属钠以外的其他任何药品溅入眼内,都要立即用大量清水冲洗,酸溅入时,再用1%的碳酸氢钠溶液冲洗;如还未恢复正常,应立即送医院治疗。

1.2.4　中毒的预防及处理

实验室里的中毒事故主要是由于吸入有毒气体或吞服有毒物质所引起的,有些毒物也可能从割伤或灼伤的皮肤渗入体内。一般应注意以下几点。

(1)任何药品都不得入口,严禁在实验室内进食。

(2)使用有毒药品时,不要沾到皮肤上,特别是有伤口的地方。如手上沾染过药品,应用肥皂或洗手液和冷水洗涤,不可用热水,以免皮肤上的毛孔扩张,反而使药品更容易渗入,也不可用有机溶剂洗手;待用的有毒或有刺激性气味的药品,应放在通风橱内。

(3)如打破水银温度计、压力计,应及时报告,尽可能设法回收,残留物可用三氯化铁溶液或硫黄粉处理。

(4)在进行有毒或有刺激性气体散发的实验时,应当在通风橱内进行。

一旦发现中毒或过敏现象,应立即送医院治疗。

1.2.5　"三废"处理

有机化合物多为易挥发、易燃、易爆、有毒的物质,在有机实验中又常产生废气、废液和废渣(通称"三废")。如不养成良好习惯,对"三废"乱弃、乱倒、乱扔,轻则堵塞下水道,重则腐蚀水管,污染环境,影响身体健康。因此,必须学会对实验过程产生的"三废"进行必要的处理。

1. 废气处理

1)溶液吸收法

溶液吸收法是用适当的液体吸收剂处理气体混合物,除去其中有害气体的方法。常用的液体吸收剂有水、碱性溶液、酸性溶液、氧化剂溶液和有机溶液,它们可用于净化含有 SO_2、NO_x、HCl、Cl_2、NH_3、汞蒸气、酸雾、沥青烟和各种有机物蒸气的废气。

2)固体吸收法

固体吸收法是使废气与固体吸收剂接触,废气中的污染物(吸收质)吸附在固体表面从而被分离出来。此法主要用于净化废气中低浓度的污染物质。常用的吸附剂有活性炭、浸渍活性氧化铝、分子筛等,可选择性用于芳香烃、甲醇、乙醇、甲醛、氯仿、四氯化碳、胺(氨)类物质及一氧化碳、二氧化碳、硫化氢等的处理。

2. 废水（液）处理

1）中和法

对于酸含量小于 3％～5％ 的酸性废水或碱含量小于 1％～3％ 的碱性废水，常采用中和法处理。无硫化物的酸性废水，可用浓度相当的碱性废水中和；含重金属离子较多的酸性废水，可通过加入碱性试剂（如 $NaOH$、Na_2CO_3）进行中和。

2）萃取法

采用与水不互溶但能良好溶解污染物的萃取剂，使其与废水充分混合，提取污染物，达到净化废水的目的。例如，含酚废水就可采用二甲苯作萃取剂。

3）燃烧

对于可燃烧的废液，且燃烧时不产生有毒气体，又不造成危险（如爆炸等）的，可采用燃烧方法。

4）氧化还原法

在废水中溶解的有机物，可通过化学反应将其氧化或还原成无害物质或易从水中分离除去的形态。常用的氧化剂主要是漂白粉，可用于含酚废水等的处理。常用的还原剂有 $FeSO_4$ 等，可用于除去废水中的汞等。

3. 废渣处理

废渣主要采用掩埋法。有毒的废渣必须先进行化学处理后深埋在远离居民区的指定地点，以免毒物溶于地下水而混入饮用水源中。

此外，对于一些难以处理的有害废物可报送环保部门专门处理。

1.2.6　安全用电

实验室安全用电是为了防止电器起火和防止实验者发生触电事故，保障人身、财产安全和实验的顺利进行。

实验指导者应了解实验室电源的最大负荷，计算实验过程中所用的电器全部同时打开时是否有超载现象；实验时要观察电源是否发热、发烫，是否有糊味气体散发，实验室内是否有电气材料老化现象。若发现异常现象，应立即切断电源，请人抢修，不能拖延，以免发生意外。

1.3　有机化学实验室的常用仪器、装置和设备

1.3.1　普通玻璃仪器

常用的玻璃仪器如图 1-1 所示。使用玻璃仪器均应轻拿轻放。除少数仪器（如试管等）外，都不能直接用火加热。锥形瓶不耐压，不能用于减压操作。厚壁玻璃器皿（如抽滤瓶等）不耐热，不能加热。广口容器（如烧杯等）不能用来储放有机溶剂。带活塞的玻璃器皿用过洗涤后，在活塞与磨口间

有机化学实验
常用仪器设备

应垫上纸片，以防粘住。此外，不能将温度计用作搅拌棒，也不能用来测量超过刻度范围的温度。温度计使用后要缓慢冷却，不可立即用冷水冲洗，以免温度计因温度骤然变化而炸裂。玻璃仪器用完后都要及时清洗、晾干。

(1) 玻璃漏斗　　　(2) 赫尔什漏斗　　　(3) 布氏漏斗　　　(4) 抽滤瓶

(5) 分馏柱　　　(6) 有支试管　　　(7) 提勒管　　　(8) 干燥管

(9) 普通干燥管　　　　　(10) 真空干燥管

图 1-1　普通玻璃仪器

1.3.2　磨口玻璃仪器

在有机实验室中,还常用到带有标准磨口的玻璃仪器(见图 1-2)。这种仪器具有标准化、通用化、系列化的特点。仪器和仪器之间进行组合时,相同编号的标准磨口可以相互连接,编号不同的仪器可借助不同编号的磨口接头使其相互连接。

由于玻璃仪器容量大小及用途不一,故有不同编号的标准磨口。通常应用的标准磨口有 10、14、19、24、29、34、40、50 等多种。这里的编号数字是指磨口最大端的直径(以 mm 为单位)。有的磨口玻璃仪器也常用两个数字表示磨口大小,例如 14/30 则表示此磨口处直径为 14 mm,磨口长度为 30 mm。

使用标准磨口玻璃仪器须注意以下几点:

(1)磨口必须干净,不得粘有固体物质,否则会使磨口对接不紧密,甚至损坏磨口。

(2)用完后要立即拆卸洗净,否则磨口的连接处会粘牢,很难拆开。洗涤时宜用洗衣粉、洗洁精,不要用去污粉,以免损坏磨口。

(3)一般使用时,磨口无须涂润滑剂,以免污染反应物或产物。若反应中有强碱,则应涂润滑剂,以免磨口连接处因受碱腐蚀而粘住,无法拆开。

(4)安装磨口仪器时,应注意整齐、正确,使磨口连接处不受歪斜的应力,否则仪器易破裂。

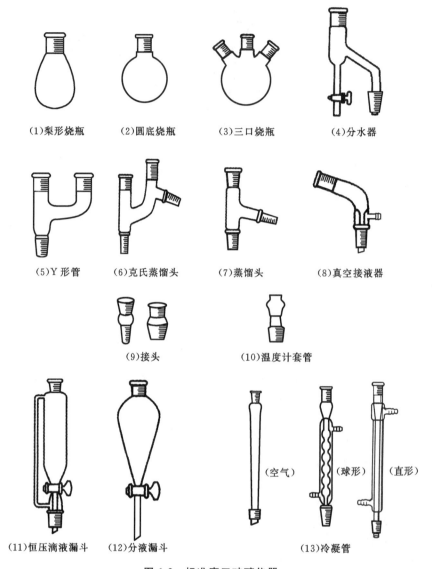

(1)梨形烧瓶　　(2)圆底烧瓶　　(3)三口烧瓶　　(4)分水器

(5)Y 形管　　(6)克氏蒸馏头　　(7)蒸馏头　　(8)真空接液器

(9)接头　　　　(10)温度计套管

(11)恒压滴液漏斗　(12)分液漏斗　　　　(空气)　(球形)　(直形)
　　　　　　　　　　　　　　　　　　　　　　　(13)冷凝管

图 1-2　标准磨口玻璃仪器

1.3.3　常用金属用具

有机实验中常用的金属用具有铁架、铁夹、铁圈、三脚架、水浴锅、镊子、剪刀、圆锉刀、水蒸气发生器(见图 1-14A)、压塞器(见图 1-25)、打孔器、三角锉刀、煤气灯、不锈钢刮刀和升降台等。

1.3.4　有机实验的常用装置

常用的仪器装置如图 1-3 至图 1-16 所示。

常用有机合成装置

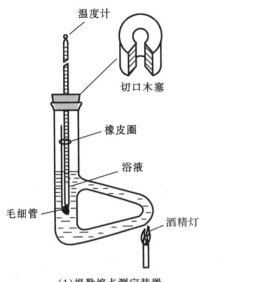

（1）提勒熔点测定装置

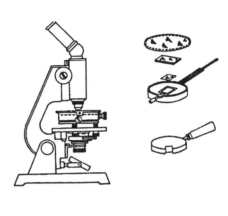

（2）微量熔点仪

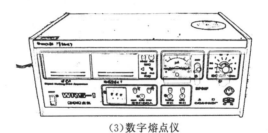

（3）数字熔点仪

图 1-3　熔点（沸点）测定装置

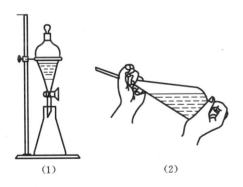

（1）　　　　　　　　　（2）

图 1-4　萃取装置（分液漏斗的使用）

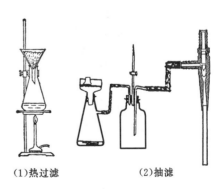

（1）热过滤　　　　　（2）抽滤

图 1-5　重结晶装置

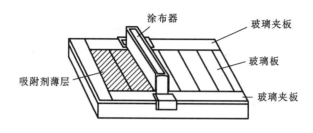

图 1-6　薄层涂布器

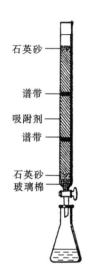

石英砂

谱带
吸附剂
谱带

石英砂
玻璃棉

图 1-7　柱色谱装置

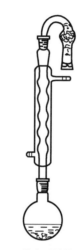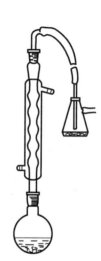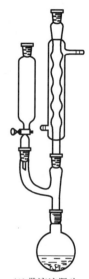

（1）带有干燥管　　（2）带吸收有害气体的装置　　（3）带滴液漏斗

图 1-8　回流装置

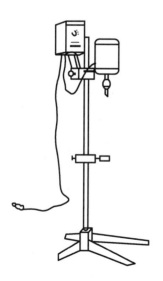

图 1-9　电动搅拌器

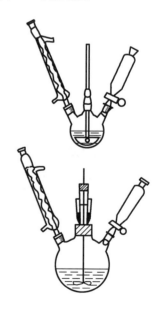

图 1-10　三口烧瓶反应装置

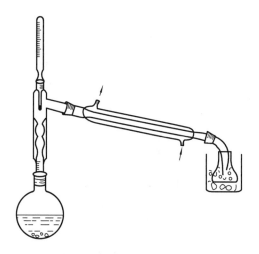

图 1-11　简单分馏装置

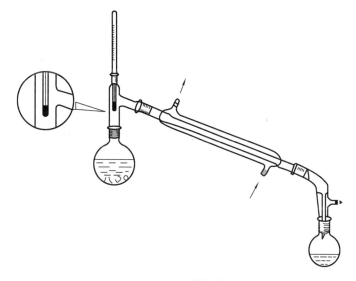

图 1-12　常压蒸馏装置

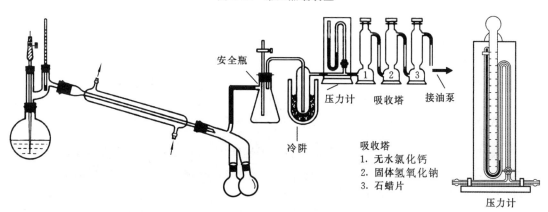

图 1-13　减压蒸馏装置

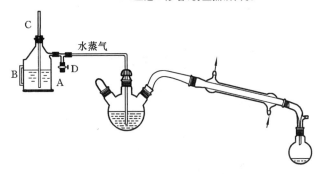

A.铜制水蒸气发生器
B.可供观察玻璃管
C.安全管
D.三通T形管，防止蒸馏倒吸

图 1-14　水蒸气蒸馏装置

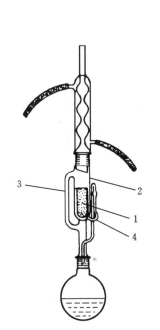

1. 滤纸套筒
2. 提取器
3. 蒸气通管
4. 虹吸管

图 1-15　脂肪提取器

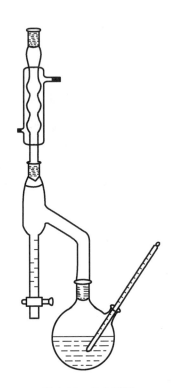

图 1-16　分水装置

1.3.5　其他仪器设备

（1）烘箱：实验室内一般使用的是恒温鼓风干燥箱，主要用来烘干玻璃仪器或烘干无腐蚀性、热稳定性比较好的固体药品；使用时应注意温度的调节和控制，干燥玻璃仪器应先沥干水分再放入烘箱，温度一般控制在 100～110 ℃。

（2）调压变压器：主要是通过调节电压来控制电炉的加热温度或电动搅拌器的转动速度。

(3)电加热套(或称电加热帽,见图 1-17):是玻璃纤维包裹电热丝织成的帽状加热器,加热和蒸馏易燃有机物时,由于它不是明火,因此不易引起着火,热效率也高;加热温度用调压变压器控制,最高温度可达 400 ℃左右,是有机实验中一种简便、安全的加热装置。

(4)磁力搅拌器(见图 1-18):是通过磁场的不断旋转变化来带动容器内磁子随之旋转,从而达到搅拌的目的,一般有控制转速和加热装置。

图 1-17　电加热套

图 1-18　磁力加热搅拌器

(5)旋转蒸发仪(见图 1-19):旋转蒸发仪的主要部件包括由马达带动的可旋转蒸发器(圆底烧瓶)、冷凝器和接收器,可在常压或减压下操作,可一次进料,也可持续进料。

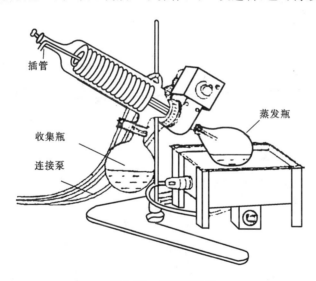

图 1-19　旋转蒸发仪

(6)电吹风:实验室内使用的电吹风应可吹冷风和热风,宜放置在干燥处,注意防潮、防腐蚀。

(7)真空恒温干燥器(见图 1-20):适用于干燥少量样品,特别是在制备标准样品和分析样品,以及产品易吸水时,须将产品放入真空恒温干燥器中干燥。

(8)远红外快速干燥器(见图 1-21):红外线渗透性强,用于干燥固体产物,干燥速度快。

(9)热气流干燥器(见图 1-22):可用于玻璃仪器的快速干燥。

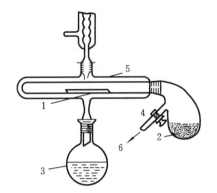

1. 放样品的磁小船
2. 曲颈瓶(放干燥剂)
3. 盛溶剂的烧瓶
4. 活塞
5. 夹层
6. 接水泵

图 1-20　真空恒温干燥器

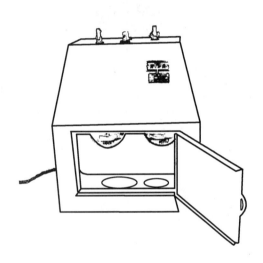

图 1-21　远红外快速干燥器

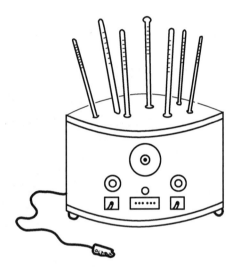

图 1-22　热气流干燥器

(10)阿贝折光仪(见图 1-23):用于测定液体有机物的折光率。

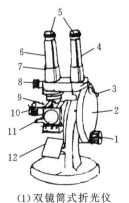

1. 棱镜转动手轮
2. 圆盘组(内有刻度盘)
3. 小反光镜
4. 读数镜筒
5. 目镜
6. 望远镜筒
7. 示值调节螺钉
8. 消色散镜调节器
9. 棱镜组
10. 温度计座
11. 恒温器接头
12. 反光镜

(1)双镜筒式折光仪

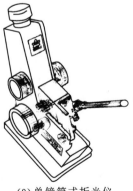

(2)单镜筒式折光仪

图 1-23　阿贝折光仪

(11)旋光仪(见图1-24):用于测定具有手性有机化合物的旋光度。旋光度是物质的特征性常数之一,测定旋光度,可以了解旋光性物质的纯度和含量。

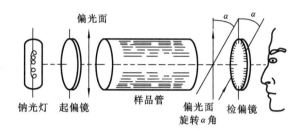

图 1-24　旋光仪示意图

(12)压塞器(见图1-25):用于把软木塞压紧的设备。

(13)压钠机(见图1-26):用于将金属钠压成细丝,干燥某些有机溶剂等。

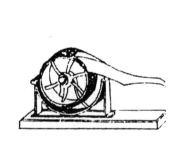

图 1-25　压塞器

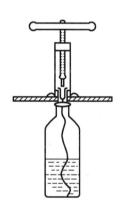

图 1-26　压钠机

(14)常压升华装置(见图1-27):用于常压升华提纯固体化合物。

(15)减压升华装置(见图1-28):用于减压升华提纯固体化合物。在常压下不易升华的物质可利用减压进行升华。

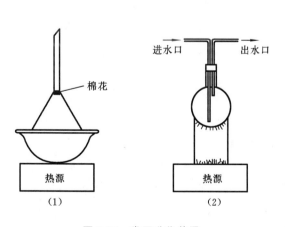

图 1-27　常压升华装置

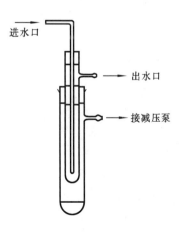

图 1-28　减压升华装置

1.4　玻璃仪器的洗涤和干燥

玻璃仪器的
清洗和干燥

1.4.1　玻璃仪器的洗涤

在进行实验时,应养成仪器用完后立即洗净的习惯。清洁的玻璃仪器,可以避免杂质对反应的影响;污物沾留久了,会增加洗涤困难。

洗涤仪器最简易的方法是用毛刷和洗衣粉擦洗,再用清水冲洗干净。有时,洗衣粉的微小粒子黏附在器壁上不易被水冲走,可用稀盐酸荡洗一次,再用清水冲洗。仪器倒置,器壁不挂水珠,即已洗净,可供一般实验用。

有些有机反应残留物呈胶状或焦油状,用洗衣粉很难洗净,这时可根据具体情况采用规格较低或回收的有机溶剂(如乙醇、丙酮、苯和乙醚等)浸泡,或用稀氢氧化钠溶液、浓硝酸煮沸除去。但不能盲目使用化学试剂和有机溶剂来洗涤仪器,以免造成浪费或危险。

实验室里有时也用铬酸洗液洗涤仪器,铬酸洗液呈红棕色,经长期使用变成绿色,即已失效。在使用铬酸洗液前,应把仪器上的污物,特别是还原性物质尽量洗净。一般少用洗液,因为有机物多具有还原性,易使洗液失效。使用洗液时要注意安全。

1.4.2　玻璃仪器的干燥

在有机化学实验中,许多有机反应要求在无水的条件下进行,因此,玻璃仪器洗净后,要进行干燥处理,使待用的玻璃仪器处于干燥、清洁的状态。实验室中玻璃仪器的干燥常用以下几种方法。

1. 自然干燥

将洗净后的玻璃仪器倒置,或倒插在架上,让其自然晾干。但某些有机反应(如格利雅试剂的制备)要求必须是绝对无水的,则应进行烘干处理。

2. 烘箱干燥

用烘箱干燥是通常采用的一种干燥方法。将洗净后自然晾干或洗净倒干水后的玻璃仪器放入烘箱内烘干。厚壁器皿如抽滤瓶等不能进行烘干。有磨口的玻璃仪器如滴液漏斗、分液漏斗等,应将磨口塞、活塞取下,将其表面的油脂擦去并洗净后再烘干。因上述漏斗的活塞不能互换,故烘干时不要配错。

从烘箱中取出玻璃仪器时,应待烘箱温度自然下降后进行。如有急用,必须在温度较高时取出玻璃仪器,则应将玻璃仪器先放在石棉网上,使其冷却至室温后方可使用。不可将温度较高的玻璃仪器与铁质器皿等直接接触,以免损坏玻璃器皿。

3. 热气流干燥

将自然晾干的玻璃仪器插入热气流干燥器的各支金属管上,经过热空气加热后,可快速干燥。热气流干燥器如图 1-22 所示。

用电吹风的热空气可对小件急用玻璃仪器进行快速吹干。

1.5　磨口玻璃仪器的保养

　　磨口玻璃仪器要善于保养,使之随时处于待用状态,并能延长其使用寿命。清洗干净后的各磨口连接部位之间应垫衬一纸片,以防长时间放置后,磨口粘结不能开启。在清洗、干燥或保存时,不要使磨口受到碰撞而损伤,影响磨口部分的密封性。

　　磨口玻璃仪器使用不当,会使磨口连接部位或磨口塞粘结在一起,影响实验操作,甚至会使仪器报废。例如,用磨口锥形瓶久放氢氧化钠溶液而不经常启用,会使磨口部位粘结,瓶塞不能开启。在使用标准磨口玻璃仪器组装的反应装置进行实验后,若不及时拆卸仪器进行清洗,容易发生磨口部位之间的粘结。

　　对于磨口塞不能开启或磨口部件发生粘结而不能拆卸时,可尝试用下述方法处理修复。

　　(1)用小木块轻轻敲打磨口连接部位使之松动而开启。

　　(2)用小火均匀地烘烤磨口部位,使磨口连接处的外部受热膨胀而松动。

　　(3)将磨口玻璃仪器放入热水中煮沸,使磨口连接部位松动。但此法不宜用于密闭的带有磨口连接的容器,以免容器内气体受热膨胀而使玻璃炸裂。

　　(4)用下列浸渗液进行浸渗:①有机溶剂,如苯、乙酸乙酯、石油醚、煤油等;②水或稀盐酸溶液。

　　用浸渗的方法有时在几分钟内即可将粘结的磨口开启,但有时需要几天才能见效。

　　(5)将磨口竖立,在磨口缝隙间滴几滴甘油,若甘油能慢慢渗入磨口,则最终能使磨口松开。

　　(6)有的粘结的磨口塞,单靠用力旋转就可以打开,但常因手滑、使不上劲而不能成功。这时可将磨口塞的上段用软布包裹或衬垫上橡皮,小心地用台钳夹住,再用不太大的力量旋转瓶体,就能打开。

　　处理粘结硬磨口塞时,应在教师的指导下进行;在上述各项瓶塞开启的操作中,应用布包裹玻璃仪器,注意安全,防止事故的发生。

1.6　实验预习、实验报告的基本要求及示例

1.6.1　实验预习及实验记录

　　实验前应对本次实验的目的、要求,以及试剂和产物的物理性质、化学性质等进行全面的预习,以便对整个实验内容做到心中有数,并记录在实验记录本上。若不做准备,实验时"照方抓药",则达不到预期效果。

　　预习记录是实验记录的一部分,是研究实验内容和书写实验报告的依据。在实验开始前,可参考以下项目做实验预习报告。

　　(1)实验名称、实验目的和要求、反应式(主反应和主要的副反应)。

（2）试剂和产物的物理、化学常数（如相对分子质量、性状、折射率、密度、熔点、沸点和溶解度等）。

（3）按照反应方程式中反应物和生成物的物质的量计算出理论产量和理论使用量。

（4）所用仪器的种类和型号、数量。

（5）简要操作步骤。

在实验过程中，对在预习报告中已经涉及的内容会有进一步的认识和更新。可将实验记录本每页分成两部分，左边写预习内容，右边相应的栏目则写实验中更新和补充的认识，以及观察到的实验现象。各栏目要用永久性墨水记录，记录本的每页须注明日期、页码。

实验开始后，做好实验观察记录是非常重要的。记录实验开始的时间和实验的全过程，如反应温度的变化、反应是否放热、颜色变化、是否有结晶或沉淀生成等。与预期相反的现象更应特别予以注意，将所观察到的这些现象准确地记录在记录本上，这对正确解释实验结果将会有很大帮助。预习实验、做好实验记录对于熟悉实验操作、深刻理解实验内容和有效利用实验时间都是极为重要的。

1.6.2 实验报告及示例

有机化学实验报告的书写内容包括实验目的和要求、实验原理、主要试剂及产物的物理常数、主要试剂用量及规格、仪器装置、实验步骤及现象、收率计算和讨论等。

制备实验报告示例如下。

实验× 乙醚的制备

_____年_____月_____日

一、实验目的

（1）了解乙醇分子间脱水制备乙醚的实验原理及方法。

（2）熟悉低沸点有机化合物的洗涤、蒸馏及其他应注意的问题。

二、反应原理

$$C_2H_5OH + H_2SO_4 \Longrightarrow C_2H_5OSO_3H + H_2O$$

$$C_2H_5OSO_3H + C_2H_5OH \xrightarrow{140\ ℃} C_2H_5OC_2H_5 + H_2SO_4$$

副反应

$$CH_3CH_2OH \xrightarrow[170\ ℃]{H_2SO_4(浓)} CH_2{=\!=}CH_2 + H_2O$$

$$CH_3CH_2OH + H_2SO_4 \longrightarrow CH_3CHO + SO_2\uparrow + 2H_2O$$

$$CH_3CHO + H_2SO_4 \longrightarrow CH_3COOH + SO_2\uparrow + H_2O$$

三、原料与产物的物理性质

名称	相对分子质量	性状	熔点/℃	沸点/℃	相对密度	折光率	溶　解　性		
							水	乙醇	乙醚
乙醚	74.12	无色液体	−116.2	34.51	0.7138	1.3526	微溶	∞	∞
乙醇	46.07	无色液体	−117.3	78.5	0.7898	1.3611	∞	∞	∞
乙酸	60.05	无色液体	16.6	117.9	1.0492	1.3716	∞	∞	∞

四、主要试剂用量及规格

95％乙醇,37.5 mL,CP;浓硫酸,12.5 mL,CP;5％氢氧化钠溶液;饱和氯化钠溶液;饱和氯化钙溶液。

五、实验装置图

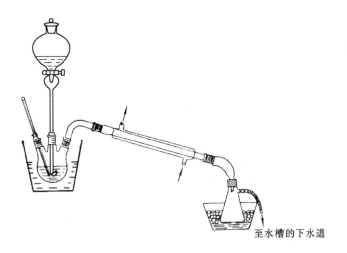

至水槽的下水道

乙醚制备装置

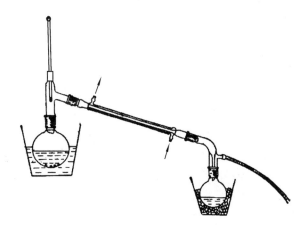

乙醚蒸馏装置

六、实验步骤及现象

步　　骤	现　　象
(1)用量筒取 12.5 mL 95％乙醇装于三口烧瓶中	溶液无色
(2)边摇边缓慢加入 12.5 mL 浓硫酸	瓶内有少许白烟,瓶壁很热
(3)取 25 mL 95％乙醇装于滴液漏斗,按图装好装置,加入沸石,加热油浴,使温度迅速升至 140 ℃	温度计显示温度迅速上升,溶液慢慢变黄,瓶内有大量白烟(二氧化硫)
(4)将滴液漏斗中的乙醇慢慢滴加到三口瓶中,使滴加速度与蒸馏液馏出速度相等,大约 1 滴/s,保持温度在 135～145 ℃ 之间	有馏分蒸出,温度保持不变(141 ℃)
(5)乙醇加完,继续加热至 160 ℃后停火	温度上升,不再有馏分
(6)馏出液转入 125 mL 分液漏斗中,加 7.5 mL 5％氢氧化钠溶液洗,振荡后静置分层,分出下层弃去。重复操作,用 7.5 mL 饱和氯化钠溶液再洗 1 次。然后用 7.5 mL 饱和氯化钙溶液洗 1 次	醚层(上层)澄清 上层、下层皆澄清 上层澄清,下层混浊
(7)分出下层,将醚层从分液漏斗上口倒入 100 mL 锥形瓶中,加约 2 g 无水氯化钙,塞上塞子并不时振荡	溶液无色澄清
(8)将产物倾倒入 60 mL 蒸馏瓶中,用热水浴(50～60 ℃)加热蒸馏,收集 33～38 ℃的馏分	热水浴温度 55 ℃,溶液沸腾,有馏分馏出,温度上升至 34～37 ℃,基本无残液
(9)观察产物外观,称产物质量	无色澄清,液体质量为 8.2 g

粗产品纯化的步骤:

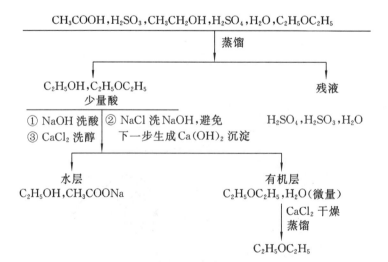

七、收率计算

$$收率 = \frac{实际产量}{理论产量} \times 100\%$$

$$理论产量 = \frac{37.5 \times 0.789\,8(乙醇的相对密度) \times 95\%}{2 \times 46.07(乙醇的相对分子质量)} \times 74.12(乙醚的相对分子质量)\,g$$

$$= 22.6\ g$$

$$实际产量 = 8.2\ g$$

$$收率 = \frac{8.2}{22.6} \times 100\% = 36.3\%$$

八、讨论

(1)本实验控制好温度很关键,如低于 130 ℃则不易成醚,高于 170 ℃易生成烯。

(2)乙醚沸点低,故接收器放在冷水浴(或冰浴)中以减少挥发损失;另外,其支管通入水槽或窗外是防止蒸气与室内空气混合达到爆炸极限,以保证安全。蒸馏乙醚时不能用明火加热。

(3)本实验开始,将硫酸往乙醇里加时,由于未充分冷却或加入速度太快,故颜色变黄甚至变黑,说明已经有副反应发生。在粗产品洗涤时,分层处受外界光线影响看不清楚,加之放液速度较快,有少量醚随水层放出。为回收这部分醚,将分出的水层放入另一漏斗中静置,但很长时间都没有醚层出现,这可能是由于醚量少而溶解在水层中,也有可能是挥发了。由于上述补救办法没有成功,故计算收率偏低,今后在使用分液漏斗时,放液速度要慢,观察要仔细。

第二部分

基 础 实 验

2.1 基本操作实验

实验 1 简单玻璃工操作

一、实验目的

(1)练习玻璃管和玻璃棒的切割、烧、拉、弯的基本操作。
(2)学会使用酒精喷灯。

二、玻璃工基本操作的目的、意义

有机化学实验中的有些玻璃用品,如各种毛细管、滴管、玻璃钉、玻璃弯管和搅拌器等,多数需自己制作。即使是广泛采用磨口仪器的今天,较熟练地掌握玻璃工的基本操作,在实验室工作中仍然是需要的。

三、实验步骤

1. 玻璃管(棒)的洗净和切割

需要加工的玻璃管(棒)均应清洗和干燥。制备熔点管的玻璃管必须先用洗液浸泡,再用自来水冲洗,蒸馏水清洗、干燥,然后才能加工。

玻璃管(棒)的切割是用锉刀(三角锉、扁锉)或小砂轮在需要切割的位置上朝一个方向锉一稍深的痕,注意不可来回锉,以免使锉刀变钝或断裂面不平整。然后双手握住玻璃管(棒),以大拇指顶住锉痕的背面,稍向前用力,并略向左右拉,即可将其折断(见图 2-1(1))。为了安全起见,折断时应离眼睛稍远一些,或在锉痕的两边包上布再折断。折断的玻璃管(棒)边沿很锋利,容易割破皮肤、橡皮管或塞子,必须在灯焰上烧熔,使之光滑。

2. 拉制测熔点用的毛细管、滴管

取一根内径为 7～8 mm 的干净薄玻璃管,放在火焰中加热,并不断转动,一直加热到玻璃管发黄红光且变软时移出火焰,立即水平地向两端拉长。开始拉的时候要慢些,然后再较快地拉长(见图 2-1(2)、(3))。在拉的同时,应注意玻璃管的粗细变化,估计内径约 1 mm 时,立即停止拉长,但两手仍要拉着两端,使之呈直线状,待其稍冷变硬后再放在石棉网上自然冷却至室温。用小砂轮将内径约为 1 mm 的毛细管截成 15 cm 左右的小段,一端用小火封闭,留待以

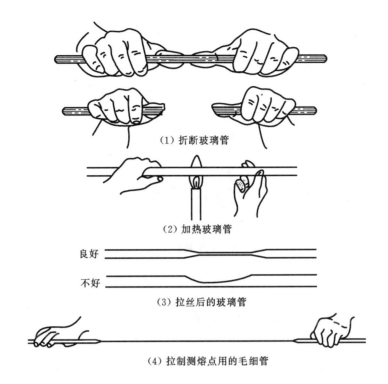

(1) 折断玻璃管

(2) 加热玻璃管

良好

不好

(3) 拉丝后的玻璃管

(4) 拉制测熔点用的毛细管

图 2-1　玻璃管的折断、拉丝和拉制测熔点用的毛细管

后测熔点时用。

将直径为 6～8 mm 的玻璃管用上述方法拉制总长度为 15 cm 的滴管,其粗端长约 12 cm,细端长约 3 cm,内径约 2 mm。粗端口在火中烧软后在石棉网上按一下,使其外缘突出,便于冷后装上橡皮乳头。细端口须在小火的边缘处烧熔至光滑,置于石棉网上冷却至室温。

具体要求:①拉制直径约 1 mm、长 15 cm 的毛细管 5～10 根;②拉制滴管 2 支。

3. 弯玻璃管

弯玻璃管时,将干燥玻璃管依照所需长度按上法将其切断。用双手握住玻璃管,将要弯曲的部分放在酒精喷灯(或煤气灯)上加热,也可以斜放在火焰上加热,以加大受热长度。为了使加热均匀,玻璃管必须朝一个方向不断缓慢旋转,当玻璃管发黄变软时,立即从火焰中移出,弯成所需角度。若玻璃管要弯成较小的角度,常需分几次弯,每次弯一定角度,重复操作(每次加热中心稍有偏移),最终达到所需角度。弯好的玻璃管应在同一平面上并需及时进行退火处理。退火方法是趁热在弱火焰中加热一会,然后将其慢慢移出火焰,再放到石棉网上冷却至室温。

4. 制作玻璃钉

取一段合适的玻璃棒,将其一端在酒精喷灯(或煤气灯)火焰上加热至发黄变软,然后在石棉网上垂直按一下,即可成玻璃钉。

具体要求:制作一合格的玻璃钉。

5. 弯制搅拌器

自制搅拌器如图 2-2 所示,选取粗细合适、长约 30 cm 的玻璃棒,在火焰中加热,不断转动使其受热均匀。当加热到稍微变软时(不可太软,以免变形),从火焰中取出,用镊子协助弯曲,经若干次加热、弯曲成所需形状后,做退火处理,最后放在石棉网上自然冷却。

具体要求:按图 2-2(3)所示,制作一根合格的搅拌器,以备机械搅拌时使用。

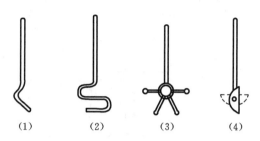

(1)　　　　(2)　　　　(3)　　　　(4)

图 2-2　实验室常用的自制搅拌器

四、思考题

(1)拉制毛细管和弯曲玻璃管(棒)的关键是什么?

(2)玻璃管(棒)加工完毕后,为什么要退火?

(3)在简单玻璃工操作中,应注意哪些安全问题?

实 验 指 导

一、预习要求

了解玻璃工操作在实验工作中的意义、操作关键和安全注意事项。

二、实验说明

(1)简单玻璃工操作的关键有两点:①在加热玻璃管(棒)时,双手须平衡转动,若操作不协调,则会使玻璃管(棒)扭曲;②掌握好玻璃管(棒)加热的"火候",加热软化不够时,玻璃管(棒)拉不动,不易弯,若软化过度,则拉得太细或拐弯处发生瘪陷。

(2)退火的目的是使高温下的玻璃管(棒)从外部到内部缓慢均匀地冷却。如果不做退火处理,玻璃管(棒)骤然冷却,内部与外部冷却不均匀,会产生较大的应力而发生断裂,即使不立即断裂,也可能在存放或使用时断裂。

三、安全事项

(1)在没有煤气灯的情况下,常用酒精喷灯进行玻璃工制作。点燃酒精喷灯时,要注意安全,避免发生意外事故。

(2)加工完毕的玻璃管(棒)温度较高,须放在石棉网上冷却后才能用手拿或接触加热过的部分,以免灼伤。

实验 2　回收乙醇的蒸馏及乙醇折光率的测定

一、实验目的

(1)了解蒸馏的原理和意义,学会蒸馏装置的安装和操作。

(2)了解折光率测定的原理,学习折光率的测定方法。

二、蒸馏及基本原理

蒸馏是分离和纯化液体有机物质最常用的方法之一。它是将液态物质加热到沸腾变为蒸气,又将蒸气冷凝为液体这两个过程的联合操作。

液体在一定温度下具有一定的蒸气压。液体加热后,逐渐变为气体,蒸气压随温度的升高而增大。当蒸气压增大到与外界大气压相等时,液体不断气化,从而达到沸腾,此时的温度就是这种液体的沸点。例如:把水加热至100 ℃,水的蒸气压就等于外界大气压,通常为101 325 Pa,水开始沸腾,此时的温度就是水的沸点;也就是说,当大气压为101 325 Pa时,水的沸点为100 ℃。从表2-1中可以看出,水在不同的温度下,蒸气压不同,蒸气压随温度的升高而逐渐增大。

表 2-1　水的温度与蒸气压的关系

温度/℃	30	40	50	60	70	80	90	100
蒸气压/kPa	4.3	7.3	12.4	19.9	31.2	47.3	70.1	101.3
蒸气压/mmHg	32	55	93	149	234	355	526	760

注:1 mmHg＝133.332 Pa。

将液体加热至沸腾后,使蒸气通过冷凝装置冷却,又可凝结为液体收集起来,这种操作方法称为蒸馏。蒸馏就是利用不同液体具有不同的沸点的特点,也就是说,在同一个温度下,不同液体的蒸气压不同,加热时低沸点液体易挥发,高沸点液体难挥发,而且挥发出的少量气体易被冷凝下来。这样,在蒸馏过程中,经过多次液相和气相的热交换,使得低沸点液体不断上升,最后被蒸馏出来;高沸点液体则不断流回蒸馏瓶内,从而将沸点不同的液体分开。纯粹的液体有机物在一定压力下具有一定沸点,且沸点范围很小(0.5~1 ℃)。但是,具有固定沸点的液体不一定是纯粹的化合物,因为某些有机化合物常常和其他物质组成二元或三元共沸混合物。

蒸馏是有机化学实验中重要的基本操作之一,它可应用于以下几方面。

(1)分离液体混合物。混合物的沸点相差较大(如 30 ℃以上)时采用。

(2)提纯液体有机物或低熔点固体。

(3)回收溶剂或蒸出部分溶剂使溶液浓缩。

(4)测定有机物的沸点。

三、蒸馏装置及安装

1. 蒸馏装置的主要仪器

蒸馏装置的主要仪器有蒸馏烧瓶、蒸馏头、冷凝管、接液管和接收器。

蒸馏

蒸馏烧瓶:蒸馏时的主要仪器。液体在瓶内受热气化,蒸气经蒸馏头进入冷凝管。蒸馏烧瓶的大小取决于被蒸液体量的多少,一般装入的液体量不得超过蒸馏烧瓶容量的 2/3,也不得少于 1/3。

加热器具及选用

蒸馏头:连接蒸馏烧瓶与冷凝管的仪器。若蒸馏的同时需测量沸点,可使用普通蒸馏头,也可使用克氏蒸馏头。

冷凝管:冷凝蒸气所用的仪器。液体的沸点高于 130 ℃ 时用空气冷凝管,低于 130 ℃ 时用直形冷凝管。

接液管:将冷凝液导入接收器的玻璃弯管。蒸馏极易燃的液体(如乙醚等)或无水溶剂,须用带有支管的接液管,并在支管上连接胶管使其通向水槽的下水道,以便将来不及冷凝的气体随流水带出室外。

接收器:收集冷凝液的容器。蒸馏挥发性有机物时通常用磨口锥形瓶或磨口圆底烧瓶,不可使用敞口容器作接收器。

2. 蒸馏装置的装拆原则

安装蒸馏装置时,必须由热源开始,按从下到上、从左到右(或从右到左)的顺序安装,做到仪器装置正确、稳妥、整齐。实验完毕后,先把热源移去,拆卸次序与安装相反。

四、实验步骤

准备好蒸馏装置(见图 1-12)所需的仪器,按蒸馏安装要求装好仪器[①],仪器要干燥。

用量筒量取回收乙醇 20 mL,经长颈漏斗加至 50 mL 的蒸馏烧瓶并加入 2~3 粒沸石,装上温度计,通入冷凝水,然后用水浴加热。开始可加大火焰,使其沸腾,沸腾后可调节火焰,使蒸馏速度以每秒钟自接液管滴下 1~2 滴馏液为宜。液体沸腾后,要注意温度计的读数变化,记下第一滴馏液流出时的温度,当温度计读数稳定时(此恒定温度即为沸点),另换事先称量过的接收器收集。继续加热,直至温度开始下降或所有样品近于蒸完为止,记下接收器内馏分的温度范围和质量。馏分的温度范围越窄,则馏分的纯度越高。本实验要求收集馏分的温度范围是 77~79 ℃。[②]

根据收集馏分的质量或体积,计算回收率,并测其折光率。

五、折光率的测定

折光率是液体有机化合物重要的特征常数之一,它是用折光仪测定的,通常用的是阿贝(Abbe)折光仪(见图 1-23)。

1. 阿贝折光仪的光学原理

由于光在两种不同介质中的传播速度不相同,当光从一种介质进入另一种介质时,它的传播方向发生改变,这一现象称为光的折射(见图 2-3)。光通过两种介质所得的折光率称为相

---

① 注意温度计的位置;注意冷凝水下进上出,蒸气自上而下;可在仪器连接处使用少量真空硅脂,确保仪器各部分连接处紧密不漏气。

② 如何判断停止蒸馏机:当圆底烧瓶中只剩下少量液体时,若维持加热速度不变,温度计读数会突然下降,此时即可停止蒸馏;或观察到圆底烧瓶底部液体黏稠,且有白烟散出,可停止蒸馏。

对折光率。光从真空射入某介质的折光率称为该介质的绝
对折光率。

　　根据折射定律,光线自介质 A 进入介质 B,入射角 α 与
折射角 β 的正弦之比和两个介质的折光率成反比,即

$$\frac{\sin\alpha}{\sin\beta}=\frac{n_B}{n_A}$$

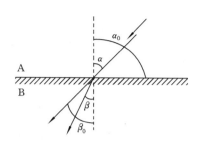

图 2-3　光的折射现象

　　如果介质 A 为光疏介质,介质 B 为光密介质,即 $n_A <
n_B$,则折射角 β 必小于入射角 α。当入射角 α 为 90°时,$\sin\alpha$
=1,此时折射角达到最大值,称为临界角,用 β_0 表示。通
常测定折光率是采用空气作为近似真空标准状态,即 $n_A=1$,上式成为

$$n=1/\sin\beta_0$$

　　可见,通过测定临界角 β_0,就可以得到折光率。测定折光率可以区别液体有机化合物如
油类或某些药品的纯度和浓度。

2. 操作

　　将折光仪的直角棱镜打开,用擦镜纸蘸少量丙酮拭净镜面,待丙酮挥发后,加入 1 滴待测
定的乙醇于下边棱镜面上,关闭棱镜,移动反光镜使光线射入棱镜,轻轻转动左边刻度盘,并在
右边镜筒内找到明暗分界线,若出现彩色带则调节色散棱镜,使明暗分界线清晰。再转动左边
刻度盘使分界线对准交叉中心,记录读数与温度,重复 1~2 次。测定后应立即以上法擦洗上、
下镜面,晾干后再关闭。

　　上面采用的折光仪是双镜筒式折光仪,现在已有不少单位采用单镜筒式折光仪,其折光率
测定原理和操作方法均相同。

六、思考题

　　(1)什么叫沸点? 液体的沸点和大气压之间是否关联? 若液体具有恒定沸点,能否认为其
为纯净物?

　　(2)蒸馏的基本原理是什么? 蒸馏时,要注意哪些重要问题?

　　(3)蒸馏时加入沸石的作用是什么? 如果蒸馏前忘记加沸石,怎么办?

　　(4)为什么液体折光率不会小于 1?

实　验　指　导

一、预习要求

　　(1)学习普通蒸馏的原理及其应用。

　　(2)了解乙醇回收(或溶剂纯化)所需的蒸馏装置安装和操作方法。

　　(3)了解折光仪的结构、原理和使用折光仪的注意事项。

二、实验说明

　　(1)共沸混合物具有一定的沸点和组成,不能通过普通蒸馏来分离。与水形成二元共沸物

的部分化合物参见附录二。

（2）为了防止液体在加热过程中出现过热现象和保证沸腾的平稳状态,常加沸石(或无釉小瓷片),因为它们受热后能产生细小的气泡,成为液体的气化中心,从而可避免蒸馏过程中的跳动、暴沸现象。

（3）有机实验中,目前多采用磨口仪器,但在某些特定的时间、场合下,仍需用一些塞子安装仪器。常用的塞子有橡皮塞和软木塞两种。橡皮塞遇到有机溶剂易溶胀,且在高温下易变形,因此,大多采用软木塞;要求密封的实验(如减压蒸馏或抽滤)必须选用橡皮塞。

碰上腐蚀性严重的实验,塞子须经特殊处理。下面简单介绍塞子的选配与打孔。

钻孔之前,首先要选用合适的塞子。选塞子时要注意与所有的玻璃仪器的口径相适合。塞子进入瓶颈部分不能少于塞子高度的 1/3,也不能多于 2/3。

钻孔时,软木塞须先用压塞器(或木块)压紧,打孔器的口径应略小于玻璃管或仪器的口径,将玻璃管插入这样钻好的孔后才不会漏气。然后,将塞子的粗端平放于实验台(或凳子)上的方木块上,打孔器应垂直均匀地转入,防止打斜;钻至约一半时,再从另一面对准钻,至完全通为止。若要钻橡皮塞孔,选择打孔器的口径应与玻璃管的粗细大致相同或略大一点,钻孔前,打孔器最好涂一些甘油或碱水,使其易于钻入,其余步骤与软木塞钻孔相同。必须注意钻孔后打孔器中的废物应立即清除。

要把玻璃管或温度计装入塞中时,先将玻璃管涂以甘油或水,逐渐旋转插入。手持玻璃管的部位应距塞子愈近愈好。如将弯管插入塞中,应注意不能持玻璃管的弯曲部分,否则会因折断玻璃管而刺伤手掌,若在手捏处用布包上就会安全些。

（4）加热。有些有机反应速度很慢,常需要通过加热来提高反应速度,一般反应温度每提高 10 ℃,反应速度增加一倍。加热方法主要有石棉网加热和热浴加热。

石棉网加热:玻璃仪器下垫石棉网,用火加热。这种加热方式只适用于沸点高且不易燃烧的物质。加热时,灯焰要对着石棉块,不要偏向铁丝网。否则,形成局部过热,仪器受热不均匀,会造成仪器破损。

水浴加热:加热温度在 80 ℃ 以下的可用水浴。加热时,将容器下部浸入热水中,但切勿使容器接触水浴锅底。调节火焰大小,使水浴锅中水温控制在所需的温度范围之内。如需要加热到接近 100 ℃,可用沸水浴或水蒸气浴。由于水不断蒸发,应注意及时补加热水。

油浴:加热温度在 80~250 ℃ 之间的可用油浴。常用油浴的温度如表 2-2 所示。

表 2-2 常用油浴的温度

油　类	液体石蜡	豆油和棉子油	硬化油	甘油和邻苯二甲酸二丁酯
可加热的最高温度/℃	220	200	250	140~180

由于油类易燃,加热时油蒸气易污染实验室,并导致着火。因此,应在油浴中悬挂温度计,随时观察和调节温度。若发现油严重冒烟,应立即停止加热。注意油浴温度不能超过所能达到的最高温度。植物油中加 1‰ 对苯二酚可增加其热的稳定性。

沙浴:加热温度在 250~350 ℃ 之间的可用沙浴。一般用铁盘装沙,将容器下部埋在沙中并保持底部有薄沙层,四周的沙稍厚些。因为沙子的导热效果较差,温度分布不均匀,放置温度计时水银球要紧靠容器。

此外,也可用与容器大小相配的电加热套(图 1-17)或封闭式电炉加热。

(5)即使杂质含量极少,也应防止蒸干,以免蒸馏烧瓶破裂或发生其他意外事故。

(6)折光率因物质的温度与光波的波长而改变,透光物质的温度升高,折光率就变小;光的波长越短,折光率就越大。在测定折光率时,必须注明所用的光线和温度。折光率常用 n_D^t 表示,D 是以钠光灯的 D 线(589.3 nm)作光源,t 是测定折光率时的温度。一般来讲,当温度升高(或降低)1 ℃时,液体有机化合物的折光率就减少(或增加)4×10^{-4},这是为了便于计算一定温度的变化常数,当然会带来误差。为准确起见,折光仪应配有恒温装置。

(7)使用折光仪的注意事项:①必须注意保护折光仪棱镜,绝对防止因碰触硬物而使镜面产生划痕;②每次使用前后,仔细、认真地擦拭干净镜面,待晾干后再关上棱镜;③仪器在使用或储藏时均不得暴露在日光下,不用时应放入木箱,置于干燥的地方;④不能用于测定有腐蚀性的液体。

(8)不同温度下纯水和乙醇的折光率如表 2-3 所示。

表 2-3　不同温度下纯水和乙醇的折光率(20 ℃)

温度/℃	水的折光率	乙醇(99.8%)的折光率
14	1.3335	—
18	1.3332	1.3613
20	1.333	1.3605
24	1.3326	1.3589
28	1.3322	1.3572
32	1.3316	1.3556

三、安全事项

(1)蒸馏装置中各种塞子一定要紧密,但整个蒸馏系统不能封闭,否则易造成事故。

(2)千万不能在接近沸点温度下补加沸石。

(3)进行蒸馏时,一般不宜蒸干,否则有时会出现爆炸事故;残留液为 0.5~1 mL 时,应停止蒸馏。

实验 3　熔点及沸点(微量法)测定

一、实验目的

(1)了解熔点、沸点(微量法)测定的意义。
(2)掌握测定熔点、沸点的操作。

二、基本原理

熔点是固体有机物十分重要的物理常数之一。纯粹的晶体物质,在大气压力下,其固态和液态处于平衡状态时的温度是一定的,这个温度就是该物质的熔点。在有机化学实验和研究工作中,常采用操作简便的毛细管法测定熔点,以鉴别有机化合物,并判断其纯度。

有机化合物在毛细管中受热后,开始熔融至完全熔化的温度范围就是该物质的熔点。始熔至全熔间的温差,称为熔程(或熔点距)。纯物质的熔点不仅有固定值,其熔程也很小,一般为0.5～1 ℃。不纯物质与对应的纯物质相比,熔点一般会下降,熔程会增大。

少数易分解的有机化合物,虽然很纯,但没有固定的熔点,且熔程也较大。这是因为样品受热尚未熔融前,就局部分解了。样品中局部分解产物的存在,犹如引入了杂质。

沸点是液体有机物重要的物理常数之一,它的确定有助于有机物的确认。

沸点的测定分常量法和微量法两种。液体样品量在 10 mL 以上时采用常量法(蒸馏方法见实验2),如果仅有少量样品,则用微量法。微量法测定沸点的装置与提勒管熔点测定法测熔点的装置相似,如图1-3(1)所示。

三、实验步骤

1. 提勒管熔点测定法

测定固体有机物熔点的装置有多种,如实验装置图 1-3 所示。下面以提勒熔点测定器(见图 1-3(1))为例,介绍熔点的测定方法。

提勒熔点测定器的主要仪器是提勒管,又称 b 形管。管口装有带一小孔的温度计套管(或带切口软木塞),用于固定温度计。

(1)样品装填。取少量干燥样品乙酰苯胺,放在干燥清洁的表面皿上,用玻璃钉研成细末后聚成小堆,将毛细管开口的一端垂直插入样品堆中,即有少许样品挤入毛细管,再将毛细管封口端向下,使之反复通过一根长约 40 cm、直立于瓷砖台面(或玻片上)的玻璃管,直至样品被弹紧为止,弹紧后样品高 3～5 mm。

(2)熔点的测定。测定时,先在 b 形管中装入液体石蜡或浓硫酸,作为加热液体(浴液),高度达到上叉口处即可。然后,将装有样品的毛细管(熔点管)用橡皮圈固定于温度计上,使装有样品处靠在温度计水银球的中部(见图 2-4),再将温度计插入 b 形管,使其水银球位于 b 形管上、下两叉管口中间。以小火在指定部位加热,开始时可以升温较快,到距离熔点 10～15 ℃时,调整火焰,使温度每分钟升高 1～2 ℃,愈接近熔点,升温速度愈慢(掌握升温速度是准确测定熔点的关键)。

仔细观察温度的上升和毛细管中样品的情况。当毛细管中的样品柱开始塌落和湿润,接着出现小滴液体时,表示样品开始熔化(即始熔),记下温度。继续观察,待固体样品恰好全部熔化成透明液体(即全熔)时,记下温度。此温度范围即样品的熔点。样品熔化过程的状况如图 2-5 所示。

样品初始态　出现塌落　刚出现小液滴　即将消失的细小晶体　液体

图 2-4　熔点管位置　　　　　　　　图 2-5　样品的熔化过程

如测定未知物的熔点,可先粗测一次(升温可略快),得其熔点的近似值,待浴液温度下降到约 30 ℃后,换用第二根毛细管进行仔细测定。每一次测定都必须用新的熔点管另装样品,不能将已测过熔点的熔点管冷却,使其中的样品固化后再做第二次测定。熔点测定至少要有两次重复的数据。

2. 微量熔点仪测定法

微量熔点仪如图 1-3(2)所示。载玻片用无水乙醇擦拭,待乙醇挥发后,将微量已研碎的样品放在载玻片上,用另一载玻片覆盖样品。载玻片置于电热板的中心空洞上,调节镜头,使显微镜的焦点对准样品。开启加热器,用调压旋钮调节加热速度,当温度接近样品熔点时,控制升温速度为 1~2 ℃/min。当样品晶体棱角开始变圆(初熔)时,记下温度。继续观察,待晶体状态完全消失(终熔)时,记下温度。熔点测定完毕,停止加热,稍冷却,用镊子取走载玻片,将一厚铝板放在电热板上,加速冷却,清洗载玻片,以备再用。

3. 数字熔点仪测定法

取一个与仪器配套的熔点管,按照提勒管熔点测定法样品装填步骤进行操作。开启数字熔点仪(见图 1-3(3)电源开关,待仪器预热 20 min 稳定后,调节初始温度设置拨轮至所需的温度。待温度显示窗口温度达到设置值后,将装有样品的熔点管插入机器中,调节调零旋钮,使电流指针指向零,按下升温按钮。调节升温速度挡,开始可以升温较快;当温度接近样品熔点时,控制升温速度为 0.5~1 ℃/min。样品完全熔化后,按下初熔按钮,仪器读数窗口自动显示样品的终熔温度,记下相应温度。

4. 微量法沸点测定

微量法沸点测定的装置与提勒溶点测定器(见图 1-3(1))相似。取一根直径为 3~4 mm、长 6~8 cm 的毛细管,将其一端封闭,作为沸点管的外管,加入待测沸点的乙醇数滴(装入液体样品高度应为 6~8 mm)。在此管中放入一根内径约 1 mm、长 8~9 cm 上端封闭的毛细管,将其开口处浸入样品中。将沸点管外管用橡皮圈固定在温度计上(见图 2-6),放入 b 形管内。用小火加热浴液,使温度均匀上升。由于管内气体受热膨胀,很快有断断续续的小气泡冒出。到达样品的沸点时,将出现一连串的小气泡。此时立即停止加热,让浴液温度自行下降。当液体开始不冒气泡、气泡将要缩入内管时的温度即为该液体的沸点,记下这一温度,这时液体的蒸气压与外界的大气压相等。

图 2-6　沸点管的固定方式

四、思考题

(1)采用毛细管法测定熔点和沸点,关键要注意什么问题?

(2)测定熔点时,若遇到下列情况,将产生什么结果?

①熔点管不洁。

②熔点管底部未完全封闭,尚有一针孔。

③加热太快。

④样品未完全干燥或含有杂质。

(3)如果液体具有恒定的沸点,能否认为它是单纯物质?

(4)用微量法测定沸点时,把最后一个气泡刚欲缩回至内管的瞬间温度作为该化合物的沸点,为什么?

实 验 指 导

一、预习要求

在进行本实验之前,应认真阅读和领会熔点和沸点测定的基本原理。有关沸点方面的内容请看实验 2 的有关部分。

二、实验说明

(1)熔点、沸点测定所需毛细管的制备见实验 1 中的"拉制测熔点用的毛细管、滴管"部分。毛细管的好坏一定程度地影响着熔点测定数据的精确性。毛细管的内径、玻璃壁的厚度等均会影响样品的装填和传热。用于熔点、沸点测定的毛细管内径为 1 mm 左右。毛细管的一端一定要在酒精灯焰上封严,否则会因漏气或在测定熔点时浴液进入熔点管内,使样品熔解或给样品带入杂质,致使测定失败。

(2)熔点测定的样品应尽量研细,否则会因装填不致密和不均匀而影响传热,致使熔点测定时熔程拉大。样品研磨时,应防止样品吸潮或掉入杂质。

(3)用于固定熔点管的橡皮圈必须完全处于浴液液面之上,以防橡皮软化而滑脱进入浴液之中。

(4)熔点测定的准确与否,与加热浴液时温度上升的速度有很大关系。当传热液体温度接近化合物熔点时,必须减缓温度上升速度,使热能及时透过毛细管壁,并使熔化温度与温度计所示温度一致。接近熔点时,温度上升愈慢愈好,一般为 0.2～0.3 ℃/min。

(5)测定熔点时必须平行测定几次,每测定一次,都必须用新的熔点管另装样品,不得将已测过的熔点管冷却,使其中的样品固化后再做第二次测定。因为有时某些化合物部分分解,有些经加热会转变为具有不同熔点的其他结晶形式。

(6)用提勒管熔点测定法测定的熔点常较真实熔点略高。

(7)微量熔点仪测定法取用微量样品,切忌堆积,否则影响样品熔化的观察,造成熔点测定的误差较大。

(8)数字熔点仪测定法中设置的初始温度一般比所测样品熔点低 20 ℃左右。

(9)将装有样品的熔点管插入数字熔点仪之前,先将熔点管外壁的污物擦干净,以免污染仪器,影响测定。熔点管插入和取出要小心操作,避免熔点管折断于仪器内。

(10)用微量法测定沸点应注意三点:①加热不能太快,被测液体不宜太少,以防液体全部气化;②沸点管内的空气应尽量排干净,具体的做法是在正式测定前,让管内有大量气泡冒出,以此带出空气;③要仔细、及时、重复测定几次,要求几次的误差不超过 1 ℃。

三、安全事项

(1)液体石蜡可加热至 200～220 ℃,但仪器难清洗。高温时,液体石蜡的蒸气易着火,应注意安全。

浓硫酸可加热至 250～270 ℃,仪器易清洗。但浓硫酸的腐蚀性极强,操作时要特别小心。

硫酸液中有少量有机物掺入时会变黄变黑，这时可酌量加少许硝酸钾使其褪色。

（2）测定熔点或沸点后的温度计不要立即放入冷水中冲洗，应待温度计自然冷却至接近室温后再用冷水冲洗，否则温度计会因骤冷而破裂。

（3）温度计破损后，应及时通知指导教师做适当处理，防止汞散落在桌面和地上污染环境。一旦有汞散落，应立即用硫黄粉覆盖或用其他方法处理。

（4）微量熔点仪测定完毕后，用镊子取走载玻片时要小心操作，避免烫伤事故发生。

实验 4　重　结　晶

一、实验目的

了解固体有机化合物重结晶提纯的原理和一般过程，掌握重结晶的基本操作。

二、基本原理

化工生产或实验室制备的固体有机产品往往是不纯的，必须经过提纯才能得到纯品。提纯固体有机化合物的有效方法就是选用适当的溶剂进行重结晶。重结晶的原理是利用被提纯的有机物和杂质在某种溶剂中的溶解度不同，而使它们互相分离。重结晶的一般过程如下。

（1）选择适当的溶剂。

（2）将粗产品溶于适当的溶剂中制成热饱和溶液。

（3）必要时加入少量活性炭吸附有色杂质。

（4）趁热过滤，除去不溶性杂质和活性炭。

（5）冷却滤液，析出结晶。

（6）进行晶体的过滤、洗涤和干燥。

三、实验步骤

溶解和热过滤　　结晶　　固体产品干燥

1. 用水作溶剂重结晶粗乙酰苯胺

（1）制成乙酰苯胺的热饱和溶液。取 2 g 粗乙酰苯胺，放在 150 mL 烧杯中（若用有机溶剂重结晶，宜用锥形瓶），加入 60 mL 水和几粒沸石，在石棉网上加热至沸腾，并用玻璃棒不断搅拌，若有未溶固体，可继续加入少量热水，直至在沸腾情况下全溶或不能继续溶解为止。补加热水时，应注意区分不溶物是乙酰苯胺还是杂质，以免误加过多溶剂。

（2）加入活性炭脱色和趁热过滤。移去火焰，待制得的饱和溶液稍冷后，加入少量活性炭，再加热煮沸 5～10 min。同时准备好一个预热过的短颈漏斗（或热水漏斗），漏斗中放一张折好的扇形滤纸（又称折叠滤纸）（见图 2-7），或者抽滤装置（见图 1-5（2）），趁热过滤或抽滤。

（3）冷却、抽滤、洗涤和干燥。将上述滤液充分冷却结晶（必要时可用水浴或冰浴），欲使析出的结晶与母液有效分离，可用布氏漏斗进行抽滤。抽滤前，滤纸用少量冷水润湿，抽紧。抽滤完毕，用玻璃塞挤压晶体，使母液尽量除去，再用少量冷水（每次约 5 mL）洗涤结晶 2 次。抽干后将晶体移至表面皿上，摊开成薄层，置于空气中晾干或在 100 ℃左右的烘箱内烘干。称重，并计算回收率，测熔点。

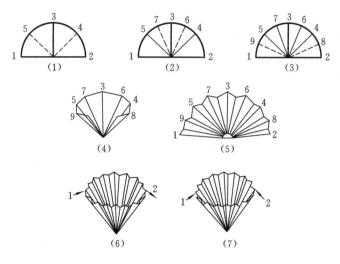

图 2-7　扇形滤纸的折叠

乙酰苯胺的纯品为白色片状结晶,熔点为 114.3 ℃,微溶于冷水而溶于热水(20 ℃时,100 mL水溶解 0.46 g;100 ℃时,100 mL 水溶解 5.5 g),溶于乙醇(20 ℃时,100 mL 乙醇溶解 36.9 g;60 ℃时,100 mL 乙醇溶解 669.2 g),因此也可用乙醇-水混合溶剂重结晶粗乙酰苯胺。

2. 用乙醇-水混合溶剂重结晶粗乙酰水杨酸

将 2 g 粗制的乙酰水杨酸放在一个干燥的锥形瓶(50 mL)中,加入 5 mL 95%乙醇,在水浴上加热,使其溶解。趁热将溶液过滤到另一烧杯中,在搅拌下滴加蒸馏水,直至使溶液变浊且不再消失为止。加热使溶液澄清,静置使其冷却,约 15 min 后即有针状结晶析出。待溶液完全冷却后,将结晶抽滤,并用少量蒸馏水洗涤结晶 2 次。抽干,取出置于表面皿中,在 100 ℃烘箱中干燥。称重,计算回收率,测熔点。

乙酰水杨酸纯品为无色针状结晶,熔点为 135~138 ℃。

3. 用 70%乙醇重结晶粗萘

在装有回流冷凝管的 100 mL 圆底烧瓶或锥形瓶中,放入 2 g 粗萘,加入 15 mL 70%乙醇和 2~3 粒沸石,接通冷凝水后,在水浴上加热至沸,并不时振摇瓶中物,以加速溶解。若所加的乙醇不能使粗萘完全溶解,则应从冷凝管上端继续加入少量 70%乙醇(注意添加易燃溶剂时应先灭去火源),每次加入乙醇后应略为振摇并继续加热,观察是否可完全溶解。待完全溶解后,再多加几毫升溶剂。熄灭火源,移去水浴,稍冷后加入少许活性炭,并稍加摇动,重新在水浴上加热煮沸数分钟。趁热用预热好的短颈漏斗和折叠滤纸过滤(或抽滤),用少量热的 70%乙醇润湿折叠滤纸后,将上述萘的溶液滤入干燥的 100 mL 锥形瓶中(注意这时附近不应有明火),滤完后用少量热的 70%乙醇洗涤容器和滤纸。盛滤液的锥形瓶用塞子塞好,自然冷却,最后再用冷水冷却。用布氏漏斗抽滤(滤纸应先用 70%乙醇润湿,抽紧),用少量 70%乙醇洗涤。抽干后将结晶移至表面皿上,放在空气中晾干或放在干燥器(见图 1-1(9))中,待干燥后测其熔点,称重并计算回收率。

萘为无色晶体,熔点为 80.6 ℃,沸点为 218 ℃,容易升华。

四、思考题

(1)重结晶溶剂的用量如何计算？实验中如何掌握？

(2)重结晶操作中关键要注意哪些问题？

(3)粗乙酰苯胺所含的不溶性杂质、有色杂质和易溶于水的杂质是在哪步操作中除去的？

实验指导

一、预习要求

(1)熟悉重结晶提纯固体有机化合物的原理、一般过程和基本操作，熟悉溶剂的选择。

(2)复习并掌握液态有机化合物的加热方法(参见实验 2)。

(3)熟悉熔点的测定方法(参见实验 3)。

(4)掌握在何种情况下要加入活性炭及如何加入。

(5)掌握如何获得良好的、符合纯度要求的结晶。

二、实验说明

(1)对于易挥发、易燃烧的有机溶剂,最好用圆底烧瓶,装上回流装置,用热水浴加热。

(2)活性炭绝对不可加到正在沸腾的溶液中,否则将造成暴沸现象;加入活性炭的量,相当于样品量的 1%～5%。

(3)在制成饱和溶液时,为了避免热过滤过程中,晶体在滤纸或漏斗颈内析出而造成麻烦和损失,一般溶剂的实际用量比制成该物质饱和溶液所需量多 20%。

(4)扇形滤纸的折法是将一张大小适宜(折叠后放入玻璃漏斗时滤纸边缘应稍低于漏斗边缘)的圆滤纸对折,再将双层半圆滤纸按图 2-7(1)、(2)、(3)的顺序向同一方向折成八等份。接着,将此滤纸把 2-8、8-4、4-6 及 6-3 之间等反向折叠,同样折 1-9、9-5、5-7 及 7-3 之间,使如扇形一样(见图 2-7(5))。然后打开滤纸,注意图 2-7(6)的 1 和 2,将此处对半折叠,最后将各处重新压叠,再打开,如图 2-7(7)所示,即可放入短颈漏斗中,并用热溶剂润湿后使用。

(5)为获得良好的结晶,热滤后的饱和溶液须静置,让其自然冷却。若冷却过快或在搅拌下冷却,会因结晶速度过快,形成了细小晶体甚至无定形沉淀,而造成过滤困难,且因比表面积大而易吸附溶剂和杂质,致使产品纯度降低。

(6)抽滤结晶时,每次洗涤前,应先拔除连接抽滤瓶与水泵的橡皮管,再加入少许洗涤用溶剂,待全部晶体被润湿后,再接上橡皮管进行抽干。

(7)若用沸点较高、挥发性不大的溶剂(例如水)进行重结晶,制成热饱和溶液后,为加快过滤速度,也可用减压抽滤的方法进行热过滤(见图 1-5)。将使用的布氏漏斗和抽滤瓶适当预热,滤纸用溶剂润湿抽紧后,迅速将热溶液倒入布氏漏斗中,待全部溶液过滤完后可抽干。为防止溶液沸腾,抽滤瓶内压力不可抽得太低。

(8)乙酰水杨酸受热容易分解,熔点测定较难。可将浴液先加热至 115 ℃,再将样品放入测定。

(9)萘的熔点较 70％乙醇的沸点低,因而加入不足量的 70％乙醇加热至沸后,萘呈熔融状态而非溶解,这时应继续添加溶剂直至完全溶解。

(10)因为萘容易升华,测熔点时,应将熔点管的开口端烧熔封闭,以免升华。

(11)溶剂的选择。采用重结晶方法提纯固体有机物,选择适宜的溶剂是非常重要的,否则,达不到纯化的目的。作为溶剂,要符合下面几个条件:①不与重结晶物质发生化学反应;②在高温(或煮沸)时,重结晶物质在溶剂中溶解度较大,而在低温时(室温或冷却下),溶解度较小;③杂质不溶解在热溶剂中,或者在室温或冷却下的溶解度还很大,不随晶体一起析出;④容易与重结晶物质分离。

此外,尚需要考虑溶剂的毒性、易燃性和价格等。

几种常用溶剂的沸点如表 2-4 所示。

表 2-4　几种常用溶剂的沸点

溶剂	沸点/℃	备注	溶剂	沸点/℃	备注
水	100	价廉、不燃	石油醚	30～60	易燃
乙醚	34.5	极易燃		60～90	
甲醇	64.7	易燃、有毒		90～120	
乙醇	78.4	易燃	氯仿	61.7	不燃,蒸气有毒
乙酸	118.1	有刺激性气味,不易燃	四氯化碳	76.5	不燃,蒸气有毒
乙酸乙酯	77.1	易燃	苯	80.1	易燃,蒸气有毒
丙酮	56.2	易燃	吡啶	115.5	不易燃,蒸气有毒

当一种物质在一些溶剂中的溶解度太大,而在另一些溶剂中溶解度又太小,不能选择到一种合适的溶剂时,可选用混合溶剂。所谓混合溶剂,就是把对此物质溶解度很大的和溶解度很小的而又能互溶的两种溶剂(例如水和乙醇)混合起来,这样常可获得良好的重结晶溶剂。用混合溶剂重结晶时,可先将待纯化物质在接近良好溶剂的沸点时溶于良好溶剂中(在此溶剂中极易溶解),若有不溶物,趁热滤去;若有色,则用活性炭煮沸脱色后趁热过滤。在此热溶液中小心地加入热的不良溶剂(物质在此溶剂中溶解度很小),直至所呈现的混浊不再消失为止,再加入少量良溶剂或稍热使其恰好透明,然后将混合物冷至室温,使结晶自溶液中析出。有时也可将两种溶剂先行混合,如 1:1 的乙醇和水,其操作与使用单一溶剂时相同。

常用混合溶剂有乙醇-水、丙酮-水、乙酸-水、乙醚-甲醇、苯-石油醚等。

三、安全事项

重结晶时,如需加活性炭脱色,必须待溶液稍冷却后加入,千万不能在沸腾时加入,以免暴沸伤人。

实验 5　萃取——绿色植物叶色素的提取

一、实验目的

学习萃取的原理及方法,掌握分液漏斗的使用。

二、基本原理

萃取是有机化学实验中用来提取或纯化有机化合物的常用操作之一,应用萃取可以从固体或液体混合物中提取出所需要的物质,也可以用来洗去混合物中少量杂质,通常把前者称为萃取,把后者称为洗涤。萃取和洗涤在理论上和基本操作上有许多相同之处,但目的不同。

萃取是利用物质在两种不互溶(或微溶)的溶剂中溶解度或分配比的不同来达到分离目的,从而进行物质提取或纯化的一种操作。

有机物质在有机溶剂中的溶解度一般比在水中的溶解度大,所以可以将它们从水溶液中萃取出来。在一定温度下,一种物质在两种不相溶的溶剂中的分配比为一常数,即

$$\frac{c_A}{c_B}=K \quad (分配常数)$$

$$\frac{\frac{m_1}{V}}{\frac{m_0-m_1}{S}}=K \quad 或 \quad m_1=m_0\frac{KV}{KV+S}$$

式中:c_A、c_B 分别为物质在原溶液 A 和溶剂 B 的浓度;V 为原溶液体积;S 为溶剂的体积;m_0 为原物质质量;m_1 为萃取后剩余量。

设萃取 2 次后,在水中的剩余量为 m_2,则

$$\frac{\frac{m_2}{V}}{\frac{m_1-m_2}{S}}=K \quad 或 \quad m_2=m_1\frac{KV}{KV+S}=m_0\left(\frac{KV}{KV+S}\right)^2$$

萃取 n 次后,在水中的剩余量 m_n 为

$$m_n=m_0\left(\frac{KV}{KV+S}\right)^n$$

实验证明:在一定温度下,用一定量的溶剂进行萃取(或洗涤)时,分几次萃取(或洗涤)要比用全部溶剂一次萃取(或洗涤)的效果好。

萃取可分为从固体物质萃取和从液体物质萃取两种。

从固体混合物中萃取所需要的物质,最简单的方法是先把固体混合物研细,放在容器里,然后加入适量的萃取剂,振荡,最后用过滤的方法把萃取液和残留的固体分开,此时萃取液中已包含被萃取物。当被萃取物特别容易溶解时,也可以把固体混合物放在放有滤纸的玻璃漏斗中,然后将萃取剂沿玻璃棒均匀倒在固体混合物上进行洗涤,所要萃取的物质则溶解在萃取剂中而被过滤出来。如果被萃取剂的溶解度很小,用上面两种方法不但消耗萃取剂的量要大,而且费时间。在这种情况下,一般采用脂肪提取器(也称索氏提取器)来萃取。见图 1-15 及参考实验 43。

从液体混合物中萃取所需要的物质,最常用的仪器是分液漏斗(见图 1-4(1))。将含有被萃取物质的液体和萃取剂放入分液漏斗中,盖好上塞,振荡分液漏斗,使两液层充分接触,提高萃取效率(见图 1-4(2))。振荡后,扭开旋塞,放出气体,振荡数次以后,将分液漏斗放在铁环上静置,使液体分层,到两液相完全分开为止。然后分出萃取剂层,被萃取物质因进入萃取剂层而被分出。要提高萃取比例,可重复进行几次。最后将萃取液合并,进行干燥,待蒸馏精制。

三、实验步骤

绿色植物叶色素的提取:称取 2.5 g 绿色草叶,切碎,置于研钵中,加 15 mL 丙酮一起捣烂。过滤除去滤渣,滤液移至分液漏斗,加 10 mL 石油醚。为了防止乳状液的形成,可加入适量(5~10 mL)的饱和氯化钠溶液一起振摇、静置。分出水层后,用 20 mL 饱和氯化钠溶液洗涤绿色有机相 2 次,然后分出有机层并置于锥形瓶中,用少量无水硫酸钠干燥(以硫酸钠在瓶底分散良好、颗粒可自由流动为宜),放置备用。

四、思考题

(1)在萃取(或洗涤)时,若一时分不清哪一层液体是所需要的,怎么办? 有何简便方法区分?

(2)在萃取过程中,如出现乳浊液而难以分层怎么办?

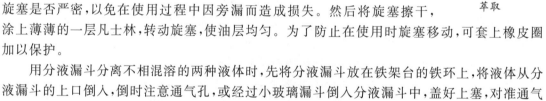

实 验 指 导

一、预习要求

(1)预习萃取的原理,以及用分液漏斗来萃取(或洗涤)的操作方法及要注意的问题。
(2)预习绿色植物叶色素提取的过程。

二、实验说明

1. 分液漏斗的使用

分液漏斗在使用前要先试漏(通常用水试验),检查分液漏斗的上塞和旋塞是否严密,以免在使用过程中因旁漏而造成损失。然后将旋塞擦干,涂上薄薄的一层凡士林,转动旋塞,使油层均匀。为了防止在使用时旋塞移动,可套上橡皮圈加以保护。

萃取

用分液漏斗分离不相混溶的两种液体时,先将分液漏斗放在铁架台的铁环上,将液体从分液漏斗的上口倒入,倒时注意通气孔,或经过小玻璃漏斗倒入分液漏斗中,盖好上塞,对准通气孔。把分液漏斗的下端靠在接收器的壁上,然后静置,等到两液层界面分清后,打开分液漏斗下面的旋塞,让下层液体流出。当下层液体剩余较少时,放出的速度应较慢;另外,当两液面间的界限接近旋塞,或者当分液漏斗壁上沾有下层液体或悬浮物等杂质时,应暂时关闭旋塞,摇动分液漏斗,使液体做圆周运动,使壁上的附着物下沉,再静置片刻,此时下层液体往往会增多一些。然后以较慢的速度将下层液体全部仔细地放出,最后将剩下的上层液体从分液漏斗的上口倒出。

分离液层时,应记住以下规则:下层液体应经旋塞放出,上层液体应从上口倒出。如果上层液体经旋塞放出,则漏斗颈部所附着的残液就会把上层液体弄脏。

利用分液漏斗洗涤除去杂质或提取某种成分时,先将液体与萃取或洗涤用的溶剂由分液漏斗的上口倒入,盖好上塞。为了使分液漏斗中不相混溶的液体有充分接触的机会,用力振荡漏斗。振荡的操作方法如下:一般是先将分液漏斗倾斜,使漏斗的上口略朝下,如图 1-4(2)所示,右手捏住漏斗上口颈部,并用食指压紧塞子,以免塞子松开,左手握住旋塞,握持旋塞的方式既要能防止振荡时旋塞转动或脱落,又要便于灵活地扭动旋塞。振荡后,使漏斗仍保持倾斜状态,扭动旋塞,放出蒸气或发生的气体,使内、外压力平衡,以免在放置时,上塞被气体冲出而摔坏。然后将分液漏斗放在铁环上,转动上塞,使塞子上的凹缝或小孔对准漏斗上口颈部的小孔,使之与大气相通。静置令其分层,然后进行分离。

在萃取或洗涤时,上、下两层液体都应该保留直至实验完毕。否则,如果中间的操作发生错误,便无法补救和检查。

2. 选择萃取溶剂

选择萃取溶剂一般须具备如下条件。

(1)难溶或不溶于水。

(2)易挥发,便于通过蒸馏与萃取物分离。

(3)易溶解被萃取的有机物(与水相比)。

(4)不与水和被萃取物起反应。

最普通的萃取溶剂有乙醚、石油醚、乙酸乙酯等。

3. 叶片的选择

本实验原是菠菜叶色素的提取,因地理环境、季节的差别,可选用各种绿色菜叶或草本绿色植物的叶片。

4. 捣烂叶子的时间

捣烂叶子的时间不宜过长,为 5~10 min,如丙酮挥发,可适量补加。

5. 液体有机物的干燥

液体有机物的干燥参见实验 8。

三、安全事项

进行萃取操作时,振摇后要注意开启旋塞以排除气体。尤其是以乙醚作萃取剂或用碳酸钠溶液洗涤含有酸性液体的溶剂时,更应经常排气,否则易导致液体冲出,严重时会造成爆炸事故。

实验 6 薄 层 色 谱

一、实验目的

学习薄层色谱的原理,学会用薄层色谱法来鉴别、分离、提纯有机物的操作方法。

二、薄层色谱及其原理

色谱分析法的基本原理是利用混合物各组分在某一物质中的吸附、溶解性能(分配)的不同,使混合物的溶液流经该种物质进行反复的吸附或分配作用,从而使各组分分离。目前,常用的色谱分析法有气相色谱法、柱色谱法、薄层色谱法、纸色谱法。

薄层色谱是一种微量、快速、简单的分析分离方法。常用的有薄层吸附色谱和薄层分配色谱两种,本实验属薄层吸附色谱。此法是将吸附剂均匀地涂在玻璃板上作为固定相,经干燥活化后点上样品,以具有适当极性的有机溶剂作为展开剂(即流动相)。当展开剂沿薄层展开时,混合样品中易被固定相吸附的组分(即极性较强的成分)移动较慢,而较难被固定相吸附的组分(即极性较弱的成分)移动较快。经过一定时间的展开后,不同组分彼此分开,形成互相分离的斑点。

薄层色谱法兼有柱色谱和纸色谱的优点,它不仅适用于少量样品(几微克到几十微克甚至 0.01 μg)的分离,而且也适用于较大量样品(可达 500 mg)的纯化。此法对于挥发性较小,或在较高温时易变化而不能用气相色谱法分析的物质特别适用。薄层色谱也可用于鉴别某些有机物。

三、薄层色谱的操作要点

1. 薄层板的制备——铺板

薄层板制备的好坏是实验成败的关键,薄层应尽可能牢固、均匀,厚度以 0.25~1 mm 为宜。

薄层色谱的操作及应用

铺板方法有平铺法和倾注法两种。

(1)平铺法是将自制涂布器(见图 1-6)洗净,把干净的玻璃板在涂布器中摆好,上、下两边各夹一块比前者厚 0.25 mm 或 1 mm 的玻璃板,将糊状物均匀铺于玻璃板上。若无涂布器,也可用边沿光滑的不锈钢尺、玻璃片或玻璃棒两端加皮套,将糊状物自左向右或自右向左(总是朝一个方向)刮平。注意厚度要固定。

(2)倾注法是将调好的匀浆等量倾注在两块洗净、晾干的玻璃片上。用食指和拇指拿住玻璃片两端,前后左右轻轻摇晃,使流动的匀浆均匀地铺在玻璃片上,且表面光洁、平整。把铺好的薄板水平放置晾干,再移入烘箱内加热活化,调节烘箱,缓慢升温至 110 ℃,保持恒温半小时,取出放在干燥器中冷却备用。

2. 点样

取薄层板,在其一端离边沿 1 cm 处用软铅笔轻轻画一点样线。点样时应选择管口平齐的玻璃毛细管,吸取少量样品溶液,轻轻接触薄层板点样处。如一次点样不够,可待样品溶剂挥发后,再点数次,但应控制样品的扩散直径不超过 2 mm。点样时,注意毛细管应尽量垂直与薄层色谱板轻轻接触,避免划破胝胶层,同一薄层色谱板的点样应在同一水平线上,点样点与色谱板边缘间隔 0.5 cm 及以上为宜。

3. 展开

薄层色谱需要在密闭的容器中展开,为此可使用特制的层析缸,也可用广口瓶代替。将配好的展开剂倒入层析缸(液层厚度约 0.5 cm)。将点好样品的薄层板放入缸内,点样一端在下(注意样品点必须在展开剂液面之上)。盖好缸盖,此时展开剂即沿薄层上升。当展开剂前沿上升到距薄层板顶端 1 cm 左右时,取出薄层板,尽快用铅笔标出前沿位置,然后置于通风处晾干,或用电吹风吹干。展开薄层色谱的仪器装置如图 2-8 所示。

4. 显色

薄层展开后,如果样品本身带颜色,则可直接看到斑点的位置。如果样品是无色的,则可采用紫外灯照射、碘薰或喷显色剂等方法显色。

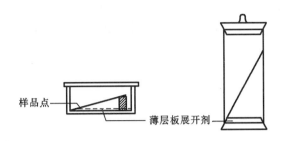

图 2-8 展开薄层色谱的仪器装置

5. R_f 值的计算

R_f 值是有机化合物的物理常数。当严格控制实验条件时,每种化合物在选定的固定相和流动相体系中有特定的 R_f 值。因此,可利用薄层色谱进行化合物的鉴定。

一个化合物在薄层板上升的高度与展开剂上升的高度的比值称为该化合物的 R_f 值。

$$R_f = \frac{化合物移动的距离}{展开剂移动的距离}$$

四、混合物的分离及 R_f 的测定

本实验以硅胶为吸附剂,以羧甲基纤维素钠(简称 CMC-Na)为黏合剂,制成薄层硬板。将 1 g 硅胶 G 和 3.5 mL 1% 羧甲基纤维素钠水溶液置于研钵中调成浆状后,分别倒在两块 2.5 cm×7 cm 的玻璃片上,轻轻振摇,使浆状物均匀附在玻璃片上,晾干;然后把玻璃片置于烘箱内,缓慢升温至 105～110 ℃恒温半小时,取出冷却备用。

1. 苏丹红和偶氮苯混合物的分离及 R_f 的测定

用环己烷-乙酸乙酯(体积比为 9:1)作展开剂,分离苏丹红和偶氮苯混合液,并在同样条件下,点上纯样品作对照,确定两者的斑点。

在制好的薄层板一端约 1 cm 处用铅笔轻轻画一直线,用毛细管分别吸取事前配制好的 0.5%～1% 的苏丹红、偶氮苯的氯仿溶液和以上两者的混合溶液点样,每块板各点两个样(苏丹红、混合溶液;偶氮苯、混合溶液)。晾干后,将薄层板放入已装有 10～15 mL 展开剂的层析缸内展开,当溶剂上升到前沿时,取出晾干,观察记录各斑点的位置并计算其 R_f 值。

2. 绿色植物色素的分离及 R_f 的测定

用丙酮-石油醚-无水乙醚(体积比为 2:7:1)作展开剂,分离实验 5 中已处理好的色素样品。实验方法参照上述苏丹红和偶氮苯混合物的分离及 R_f 的测定方法。

五、思考题

(1)在薄层色谱中,何谓硅胶 G、硅胶 H、硅胶 GF_{254}?

(2)点样时,样品浓度太高或斑点太大有何影响?

(3)展开剂的高度超过点样线,对薄层色谱有什么影响?

(4)用薄层色谱分离混合物时,如何判断各组分在薄层上的位置?

·················· 实 验 指 导 ··················

一、预习要求

了解薄层色谱的有关概念及其原理、主要步骤、操作方法。

二、实验说明

(1)薄层板制备的好坏是薄层色谱法成败的关键。为此,薄层必须尽量均匀且厚度(0.25~1 mm)要固定。否则,在展开时溶剂前沿不整齐,分析结果也不易重复。

(2)薄层色谱中常用的吸附剂和柱色谱中用的一样,有氧化铝和硅胶($SiO_2 \cdot xH_2O$)等。薄层色谱常用的硅胶有三种类型:①硅胶 G,除硅胶外,还含有作为黏合剂的煅石膏,使用时直接加蒸馏水调成匀浆即可;②硅胶 H,不含黏合剂,使用时必须加入适当的黏合剂,如羧甲基纤维素钠等;③硅胶 GF_{254},含有煅石膏和荧光物质,可在紫外光下观察荧光。

(3)点样时,样品液的浓度要适宜。浓度太高易引起斑点拖尾,浓度太低则由于体积大引起斑点扩散。点与点之间相距 1 cm 左右,斑点大小以直径 2 mm 为宜。

(4)苏丹红的结构式是

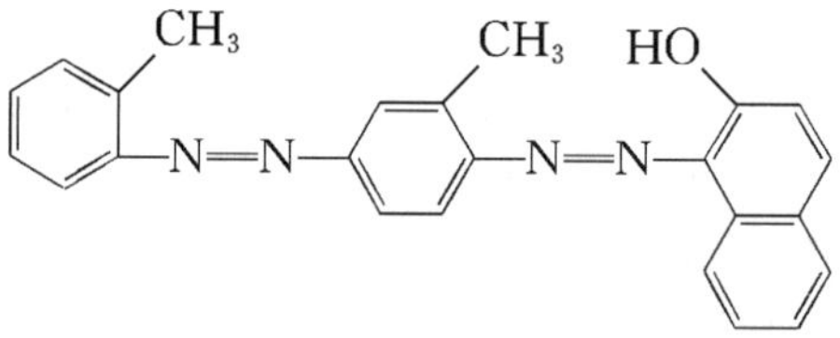

化学名为:1-[4-(α-甲基苯偶氮)-2-甲基苯基偶氮]-2-萘酚。

(5)绿色植物色素的分离是一个开放式实验,实验材质来源广泛,例如可以菠菜、油菜等蔬菜叶为实验材质。从菠菜叶中可分离得到的部分色素如表 2-5 所示。

表 2-5　从菠菜叶中得到的部分色素

色　　素	分　子　式	颜　　色
α-胡萝卜素	$C_{40}H_{56}$	黄绿色
β-胡萝卜素	$C_{40}H_{56}$	黄绿色
叶绿素 a	$C_{55}H_{72}MgN_4O_5$	绿色
叶绿素 b	$C_{55}H_{70}MgN_4O_6$	黄绿色
三种黄质	$C_{40}H_{56}O_4$	黄色

如用其他绿色植物(杂草)叶进行实验,其色素大体相同,可供参考。

(6)展开后取出薄板,立即在展开剂前沿画出标记,如不注意此点,展开剂挥发后,无法确定其上升的高度;也可先画出前沿,待展开到达时立即取出。晾干时溶剂仍可扩散一段距离,计算 R_f 值时不计算在内,所以晾干时一定要水平放置,防止出现这种情况。

（7）薄层吸附色谱展开剂的选择,原则上和吸附柱色谱洗脱剂的选择类似,主要是根据样品的极性、溶解度和吸附剂的活性等因素综合考虑。展开剂的极性越大,对化合物的洗脱能力越强,R_f 值也越大。薄层色谱用的展开剂绝大多数是有机溶剂,各种溶剂的极性参见实验7。

（8）常用显色方法有如下几种。①紫外灯显色:如果样品本身是发荧光的物质,可以把展开后的薄层板放在紫外灯下,在暗处可观察到这些荧光物质的亮点;如果样品本身不发荧光,可在制板时,在吸附剂中加入适量的荧光指示剂,或在制好的板上喷荧光指示剂,待薄层板展开干燥后放于紫外灯下观察,可呈现颜色斑点。②碘薰显色:将经展开并干燥后的薄层板,放入已加有碘晶体的干燥广口瓶内,盖上瓶盖,直到暗棕色的斑点足够明显时取出,立即用铅笔画出斑点的位置。由于碘易升华,薄层板在空气中放置一段时间,斑点即消失。

此外,还可采用喷显色剂显色。

三、安全事项

薄层色谱实验所用展开剂多为有机溶剂,有些溶剂（如苯等）有一定的毒性,展开、晾干等操作最好在通风橱内进行。

实验7　柱色谱法分离苏丹红和偶氮苯

一、实验目的

学习柱色谱法的基本原理,掌握用柱色谱法分离、提纯有机物的操作方法。

二、柱色谱及其基本原理

柱色谱是常用色谱分析法的一种。

色谱分析法是分离、纯化和鉴定有机物的重要方法之一,开始仅用于分离有色化合物,由于显色方法的引入,现已广泛应用于无色化合物的分离和鉴定。柱色谱的原理与薄层色谱的基本相同。

常用的柱色谱有吸附色谱和分配色谱两种,吸附色谱常用氧化铝和硅胶为吸附剂,分配色谱以硅胶和纤维素为支持剂,以吸附较大量的液体作为固定相。下面将介绍以硅胶为吸附剂的柱色谱分离方法。

以硅胶为吸附剂的柱色谱实际上是一种固-液吸附色谱法,硅胶是固定相,液体样品通过固定相时,由于固定相对液体中各组分的吸附能力不同而使各组分分离开。这种分离是通过色谱柱(见图1-7)来实现的,色谱柱内装有固体吸附剂硅胶(固定相),液体样品从柱顶部加入,在顶部被吸附剂吸附,然后,从柱顶部加入作为洗脱剂的有机溶剂(流动相)。由于吸附剂对各组分的吸附能力不同,各组分以不同速率下移,被吸附较弱的组分在流动相里的含量比被吸附较强的组分要高,以较快的速率向下移动。这样,样品中各组分经过反复多次的吸附-洗脱而随溶剂以不同的时间从色谱柱下端流出,用容器分别收集,以达到分离、提纯的目的。如各组分为有色物质,则可直接观察到不同颜色谱带;如为无色物质,则不能观察到谱带。一般可按时间分段或按一定体积收集洗脱液,再分别鉴定。有时一些物质在紫外线照射下能发出荧光,则可用紫外光照射。

三、实验步骤

1. 装柱

1)湿法装柱

(1)将一根洗净、烘干的色谱柱垂直固定于铁架台上,用玻棒将少许脱脂棉放置于色谱柱底部,轻轻塞紧(不可太紧)。关闭活塞。层析柱的固定,要做到直、平。

(2)称取 4.5 g 100～200 目硅胶,将硅胶倒入 50 mL 烧杯中,加入石油醚浸泡,适当搅拌,使硅胶无气泡、均匀。

(3)倒少许石油醚于层析柱中,用玻璃棒引流,加入已经泡好的硅胶(或通过一干燥的玻璃漏斗慢慢加入,或用烧杯小心直接倒入)。加硅胶过程中,打开活塞,下面用锥形瓶接液体,同时用带橡皮管的玻璃棒轻轻敲层析柱,使硅胶装填紧密、结实。注意,在整个装柱过程中应始终保持液面高于硅胶面,避免干柱。否则,会产生大量气泡,影响分离效果。

(4)装好之后,用约 10 mL 石油醚空白洗脱,压实硅胶柱。

2)干法装柱

(1)取一根洗净、烘干的色谱柱垂直固定于铁架台上,先在柱子底部塞一小团脱脂棉,用玻璃棒将其轻轻压牢,不宜过紧。在脱脂棉上铺一层约 0.5 cm 厚的石英砂或无水硫酸钠,起到防止脱脂棉移动造成硅胶泄漏。

(2)称取 4.5 g 100～200 目硅胶,通过干燥玻璃漏斗慢慢装入色谱柱,轻轻拍打色谱柱至硅胶均匀、紧实。

(3)向色谱柱内加入石油醚,使硅胶全部润湿,且上方保留过量石油醚(使液面超过硅胶表面),用洗耳球加压,使石油醚缓慢流下,排除硅胶残留气泡。注意石油醚液面不能低于柱内硅胶。

(4)待气泡排除后,在硅胶上面加一层厚约 0.5 cm 的石英砂或无水硫酸钠,加入少许石油醚使其刚好没过石英砂或无水硫酸钠层。

2. 上样

(1)待石油醚刚好高于硅胶面时(将干而未干时),关闭活塞,用滴管沿柱内壁加入 5 滴样品(1%的苏丹红、偶氮苯混合溶液)。

(2)打开活塞,使样品吸附在硅胶上,样品即将全部浸入硅胶时,关闭活塞。

(3)用滴管沿柱壁加少量(5～10 滴)石油醚洗下柱壁的有色物质,再打开活塞,在液面刚好高于硅胶面时,关闭活塞。如此连续 2～3 次,直至柱壁的有色物质洗净为止,关闭活塞。

3. 洗脱

加样完毕,小心加入洗脱剂石油醚(注意,一定要待有色物质全部吸附于吸附剂上之后才可以加入大量的洗脱剂)。用滴管沿柱壁加石油醚,打开活塞,洗脱(注意,加石油醚时一定要沿柱壁缓缓加入,避免破坏硅胶面)。

随着洗脱剂(石油醚)的洗脱,可以明显看到层析柱上出现两个色带。待第一个色带完全洗脱之后,换用另一干燥的锥形瓶接第二个组分。洗脱剂换用乙酸乙酯-石油醚(体积比 5：95),加大极性,洗脱第二个色带。

实验完毕,倒出柱中的中性氧化铝,并把色谱柱洗干净放回原处。

四、思考题

（1）为什么极性大的组分要用极性大的溶剂洗脱？

（2）整个实验过程中严禁将水带入装置中，为什么？

（3）色谱柱中若留有空气或填装不均匀，将怎样影响分离效果，如何避免？

实 验 指 导

一、预习要求

了解柱色谱的原理，熟悉实验操作的几个主要步骤及应注意的问题。

二、实验说明

（1）吸附剂的选择。进行柱色谱分离时，首先应选择合适的吸附剂。常用的吸附剂有氧化铝、硅胶、氧化镁、碳酸钙、活性炭等。一般吸附剂的要求如下：①有大的表面积和一定的吸附能力；②颗粒均匀，且在操作过程中不碎裂，不起化学反应；③对待分离的混合物各组分有不同的吸附能力。现已发现供柱色谱法用的固体吸附剂与极性化合物结合能力的顺序为：纸＜纤维素＜淀粉＜糖类＜硅酸镁＜硫酸钙＜硅酸＜硅胶＜氧化镁＜氧化铝＜活性炭。

（2）吸附剂——硅胶。柱层层析硅胶选取优质硅胶为原料加工制成，为白色均匀颗粒，主要成分为二氧化硅，具有纯度高、安全卫生的特点。

柱层层析硅胶具有固体特性的胶态体系，由形成凝集结构的胶体粒子构成。胶体粒子是水合状态硅胶（多硅酸）的缩聚物，属非晶态物质。胶体粒子的集合体的间隙形成试剂柱层层析硅胶颗粒内部的微孔隙结构。因此，它是一种具有丰富微孔结构、高比表面积、高纯度、高活性的优质吸附材料。

柱层层析硅胶能通过对混合物质中的不同成分吸附保留时间的差异，达到分离提纯的目的。因此，它广泛用于中草药有效成分的分离提纯、高纯物质制备、石油制品的精制、有机物质的脱水精制。

（3）柱色谱的洗脱剂。选择合适的洗脱剂，是用柱色谱法分离有机物的关键问题之一。洗脱剂可以是单一溶剂，也可以是混合溶剂，其种类很多。下面列出最常用的洗脱剂以及极性的顺序（供参考）：己烷＜环己烷＜甲苯＜二氯甲烷＜氯仿＜环己烷-乙酸乙酯（80∶20，体积比（下同））＜二氯甲烷-乙醚（80∶20）＜二氯甲烷-乙醚（60∶40）＜环己烷-乙酸乙酯（20∶80）＜乙醚＜乙醚-甲醇（99∶1）＜乙酸乙酯＜四氢呋喃＜正丙醇＜乙醇＜甲醇。

（4）本实验成败的关键是：装柱要紧密，要求无断层、无缝隙；在装柱、洗脱过程中，始终保持有溶剂覆盖吸附剂，避免干柱；一个色带与另一色带的洗脱液的接收不要交叉。

三、安全事项

如将有毒试剂作为溶剂或洗脱剂，要注意通风。

实验 8　石油醚的纯化与干燥

一、实验目的

(1)了解有机溶剂纯化的原理和方法。
(2)掌握分液漏斗的使用、干燥剂的使用、蒸馏操作以及不饱和烃的检验方法。

二、实验原理

石油醚是常用的有机溶剂,它是低相对分子质量的烃类、轻质石油产品,主要成分是戊烷和己烷。通常将石油醚分成沸程为 30~60 ℃、60~90 ℃、90~120 ℃等不同规格。石油醚中含有少量不饱和烃,其沸点与烷烃相近,若用简单蒸馏方法,则难以分离。由于不饱和烃性质活泼,要将石油醚作为惰性有机溶剂还必须进行适当处理,除去所含不饱和烃和水分等杂质。实验室和生产企业都可采用以下化学反应除去石油醚中的不饱和烃杂质:

$$
\underset{C=C}{\big|\quad\big|} \ + \ H_2SO_4 \ \xrightarrow{\ \text{室温}\ } \ \underset{\underset{H\ \ OSO_3H}{\big|\quad\big|}}{-\overset{\big|}{C}-\overset{\big|}{C}-} \qquad (\text{硫酸氢酯})
$$

硫酸氢酯溶于浓硫酸,而石油醚不溶,两者密度相差较大,明显地分成两层。可以利用分液漏斗将硫酸层和石油醚分开,再将石油醚洗净,干燥、蒸馏,达到提纯目的。

三、实验步骤

量取 20 mL 石油醚(沸程为 60~90 ℃),小心倒入 50 mL 分液漏斗中,慢慢加入 4 mL 浓硫酸,盖好顶塞,充分振摇分液漏斗后,静置分层,放出下层硫酸。上层石油醚再用 4 mL 浓硫酸洗涤 1 次。取少量石油醚,逐滴加入 1% 高锰酸钾溶液,若观察到高锰酸钾紫色褪去,则仍需用浓硫酸洗涤。最后分别用 15 mL 水洗涤石油醚 2 次。静置,彻底分去水层,将石油醚倒入干燥的锥形瓶,加入 1~1.5 g 颗粒状的无水氯化钙,盖紧塞子,不时地振摇锥形瓶,干燥 30 min 以上。

将干燥好的石油醚滤入 50 mL 干燥的圆底烧瓶中,热水浴加热进行蒸馏,控制加热温度,使馏出速度为 1~2 滴/s,观察并记录蒸馏过程中的沸点变化。量取全部馏出液的体积,计算收率。

四、思考题

(1)石油醚作为惰性有机溶剂,为什么要用化学方法纯化?
(2)蒸馏低沸点易挥发有机化合物时,应注意哪些问题?
(3)如分液操作中,水分离不彻底,干燥剂加得太多或太少,对实验结果有什么影响?

实 验 指 导

一、预习要求

(1)了解石油醚纯化的原理及方法。

(2)复习实验 5 中分液漏斗的使用和实验 2 中蒸馏操作等内容。

二、实验说明

(1)分液漏斗在振摇过程中要不时放气。因为易挥发的有机溶剂在振摇过程中会逸出液面,与分液漏斗中其他气体合并,使分液漏斗中的气体压力增大,若不及时放气,会将顶塞冲开。分离水层时,应将水层尽可能分离完全。

(2)在有机化学实验中,在蒸除溶剂和进一步提纯所提取的物质之前,常常需要除掉溶液或液体中含有的水分,一般可利用分馏或生成共沸混合物除水,也可使用干燥剂除水。这里主要介绍用干燥剂除水的方法。

干燥剂可分为以下几类:①与水能结合成水合物的干燥剂,如氯化钙、硫酸镁和硫酸钠等;②与水起化学反应,形成另一种化合物的干燥剂,如五氧化二磷、氧化钙等。

选择干燥剂时,必须符合下列条件:①不能与被干燥的有机物发生任何化学反应或起催化作用;②不溶于该有机物中;③干燥速度快,吸水量大,价格低廉。

干燥剂的种类较多,各类液体有机化合物常用的干燥剂如表 2-6 所示。

表 2-6　各类液体有机物常用的干燥剂

有机化合物	干 燥 剂
烃	氯化钙、金属钠
卤代烃	氯化钙、硫酸镁、硫酸钠
醇	碳酸钾、硫酸镁、硫酸钠、氧化钙
醚	氯化钙、金属钠
醛	硫酸镁、硫酸钠
酮	碳酸钾、氯化钙(高级酮干燥用)
酯	硫酸镁、硫酸钠、碳酸钾
硝基化合物	氯化钙、硫酸镁、硫酸钠
有机酸、酚	硫酸镁、硫酸钠
胺	氢氧化钠、氢氧化钾、碳酸钾

操作方法:加入干燥剂前,应尽可能将被干燥液中的水分分离干净,不应有任何可见的水层和悬浮水珠。置该液体于锥形瓶中,加入颗粒大小合适、均匀的干燥剂,用塞子塞紧,振摇片刻。如发现有水层,必须将水层分去,再加入干燥剂。如干燥剂附在瓶壁互相黏结,通常是因为干燥剂数量不够,应补加,一般每 10 mL 样品加入干燥剂 0.5～1 g。放入干燥剂后的被干燥液必须放置 30 min 以上(有的最好过夜),并不时振摇。有时在干燥前,液体出现混浊,经干

燥后变为澄清透明液,且干燥剂棱角分明,可视为水分基本除去的标志。当然,也有液体虽已澄清透明,但不能说明不含水分。因为透明与否和水在有机液体中的溶解度有关。蒸馏之前,必须把干燥剂和溶液分离。

(3)蒸馏低沸点易挥发的有机物时,切不可用明火,而且蒸馏操作须在良好的通风状况下进行,或用胶管将接液管出气口导出室外。

(4)用酸、碱或其他物质洗涤有机物后,都须用水洗除有机物中夹杂的酸、碱或其他物质,防止酸、碱或其他物质在干燥、蒸馏时腐蚀仪器或产生一些副反应,或者被蒸馏带出。

三、安全事项

石油醚为易燃有机物,实验过程中要注意防火、安全。

实验9　水蒸气蒸馏

一、实验目的

了解水蒸气蒸馏的原理,掌握仪器装置及操作技术。

二、实验原理

水蒸气蒸馏是纯化分离有机化合物的重要方法之一。

当水和不溶于水(或难溶于水)的化合物一起存在时,根据道尔顿分压定律,整个体系的蒸气压应为各组分蒸气压之和,即 $p = p_A + p_B$,其中,p 为总的蒸气压,p_A 为水的蒸气压,p_B 为不溶于水的化合物的蒸气压。当混合物中各组分的蒸气压总和等于外界大气压时,混合物开始沸腾,这时的温度即为它们的沸点,所以混合物的沸点将比其中任何一组分的沸点都要低。因此,常压下应用水蒸气蒸馏,能在低于 100 ℃ 的情况下将高沸点组分与水一起蒸出来。蒸馏时,混合物的沸点保持不变,直到其中一组分几乎全部蒸出(因为总的蒸气压与混合物中两者的相对量无关)。混合物蒸气压中各气体分压(p_A、p_B)之比等于它们的物质的量之比,即

$$\frac{n_A}{n_B} = \frac{p_A}{p_B}$$

式中:n_A 为蒸气中 A 的物质的量;n_B 为蒸气中 B 的物质的量。

而 $n_A = \dfrac{m_A}{M_A}$,$n_B = \dfrac{m_B}{M_B}$,其中,m_A、m_B 分别为 A、B 在容器中蒸气的质量,M_A、M_B 分别为 A、B 的相对分子质量。因此,$\dfrac{m_A}{m_B} = \dfrac{M_A n_A}{M_B n_B} = \dfrac{M_A p_A}{M_B p_B}$,即两种物质在馏出液中的相对质量(也就是在蒸气中的相对质量)与它们的蒸气压和相对分子质量成正比。

水蒸气蒸馏通常用于下列几种情况。

(1)反应混合物中含有大量树脂状杂质或不挥发性杂质。

(2)要求除去易挥发的有机物。

(3)从固体的反应混合物中分离被吸附的液体产物。

(4)某些有机物在达到沸点时容易被破坏,采用水蒸气蒸馏可在 100 ℃ 以下蒸出。但使用

这种方法时,被提纯化合物应具备下列条件:①不溶或难溶于水,如溶于水则蒸气压显著下降,例如丁酸比甲酸在水中的溶解度小,所以丁酸比甲酸易被水蒸气蒸馏出来,虽然纯甲酸的沸点(100.8 ℃)较丁酸的沸点(163.5 ℃)低得多;②在沸腾状态下与水不起化学反应;③在100 ℃左右,该化合物应具有一定的蒸气压,一般不小于1.33 kPa(10 mmHg)。

三、操作要点

按图1-14所示水蒸气蒸馏装置安装好仪器装置。

进行水蒸气蒸馏时,先将反应混合物放入长颈圆底烧瓶中,把T形管上的弹簧夹打开,加热水蒸气发生器使水沸腾,当有水蒸气从T形管冲出时,关紧弹簧夹,使水蒸气通入烧瓶中。为了使水蒸气不致在烧瓶中冷凝而积累过多,在通入水蒸气前,可在烧瓶下放一石棉网,用小火加热。蒸馏过程中如果安全管内的水柱从顶端喷出,说明蒸馏系统内压力增高,应立即打开弹簧夹,移走热源,停止蒸馏。检查管道有无堵塞。如果蒸馏烧瓶内压力大于水蒸气发生器内的压力,将产生液体倒吸,也应立即打开弹簧夹。

如待蒸馏物的熔点高,冷凝后析出固体,则应调小冷凝水的流速或停止冷凝水流入,甚至将冷凝水放出,待物质熔化后再小心而缓慢地通入冷凝水。

当蒸馏液澄清透明,不再含有油珠状的有机物时,即可打开弹簧夹,移去热源,停止蒸馏。馏出物和水的分离方法根据具体情况确定。

四、用水蒸气蒸馏法提纯2-硝基-1,3-苯二酚

称取1 g 2-硝基-1,3-苯二酚,装入150 mL三口烧瓶中,加入20 mL水,按图1-14所示装好水蒸气蒸馏装置,接收瓶用冷水浴冷却。按上述操作要点进行实验,待蒸馏完毕,将馏出物用冰水浴充分冷却后抽滤,再取出橙红色结晶置表面皿中分散,用红外灯干燥至恒重。最后测熔点,称重,计算收率。

五、思考题

(1)简述水蒸气蒸馏的基本原理。

(2)化合物具备哪些条件时可进行水蒸气蒸馏?

(3)在什么情况下可使用水蒸气蒸馏?

(4)欲使水蒸气蒸馏能顺利进行,要注意哪些问题?

················· 实 验 指 导 ·················

一、预习要求

(1)了解水蒸气蒸馏原理,熟悉其仪器装置、操作技术要点及安全要求。

(2)熟悉重结晶中的抽滤操作和熔点测定技术。

二、实验说明

(1)2-硝基-1,3-苯二酚为橙红色片状晶体,熔点为84～85 ℃,微溶于冷水,易溶于乙醇。

（2）温度稍低时,2-硝基-1,3-苯二酚容易结晶。水蒸气蒸馏时,为了不因为其结晶而堵塞冷凝管或接液管,应降低冷凝管中冷却水的流速,甚至暂停通入冷却水,但是不能将冷却水放空,以免冷凝管内温度太高而使 2-硝基-1,3-苯二酚随水蒸气蒸发至接收瓶外而损失。

（3）冷凝管中无结晶时,可缓慢加大冷却水流速,待冷凝管中温度较低时若仍无结晶析出,说明已蒸馏完毕。

（4）红外灯不能离表面皿太近,以免因温度太高而使 2-硝基-1,3-苯二酚熔化后结块。

三、安全事项

（1）防止水蒸气导管堵塞,以免发生意外事故。

（2）防止冷凝管和接液管被结晶堵塞而发生倒吸或意外事故。

实验10　减 压 蒸 馏

一、实验目的

了解减压蒸馏的原理、主要仪器设备及装置,熟悉基本操作技术。

二、实验原理

分离与纯化有机化合物经常使用减压蒸馏这一重要操作。有些有机化合物往往加热未到沸点即已分解、氧化、聚合,或因其沸点很高,因此不能用常压蒸馏方法进行纯化,而采用降低系统内压力,以降低其沸点来达到蒸馏纯化的目的。减压蒸馏也称真空蒸馏,一般把低于 1 个大气压的气态空间称为真空,因此真空在程度上有很大差别。

由于液体表面分子逸出所需要的能量随外界压力降低而降低,所以,设法降低外界压力便可降低液体的沸点。沸点与压力的关系可近似用下式求出:

$$\lg p = A + \frac{B}{T}$$

式中:p 为蒸气压;T 为沸点(绝对温度);A、B 为常数。

如以 $\lg p$ 为纵坐标、$1/T$ 为横坐标,可以近似地得到一条直线。从两组已知的压力和温度求出 A 和 B 的数值,再将选择压力代入上式,计算出液体的沸点。

一般来说,当压力降低到 2.67 kPa(20 mmHg)时,大多数有机物的沸点比常压(0.1 MPa,760 mmHg)下的沸点低 100～120 ℃。

三、减压蒸馏装置

减压蒸馏使用的仪器装置参见图 1-13,装置可分为如下三部分。

（1）蒸馏部分:由双颈的减压蒸馏瓶(又称克氏(Claisen)蒸馏瓶)、冷凝管、多尾接液管和接收瓶组成。用克氏蒸馏瓶的目的是避免减压蒸馏时由于瓶内液体沸腾而冲入冷凝管中。克氏蒸馏瓶的一个颈插入毛细管,其下端离瓶底 1～2 mm,在减压蒸馏时能进入少量空气或惰性气体,作为被蒸液的气化中心。用多尾接液管的目的是在蒸馏过程中不中断减压而能收集不同的馏分。

（2）抽气减压部分：通常用油泵，若真空度要求不高，也可用水泵。

（3）保护及测压装置：由于油泵是结构精密的机械装置，有机溶剂、水及酸性气体都会损坏油泵，使其达不到真空度的要求，必须有保护装置，如图1-13中标出的各种吸收塔和冷阱。在使用水泵时，不必使用保护装置。测压用水银压力计，安全瓶用于调节蒸馏系统的真空度即内部气压。

四、操作要点

（1）认真地按减压蒸馏装置图装好仪器。在克氏蒸馏瓶中，装入待蒸馏的液体（注意液体量不超过蒸馏瓶容积的1/2）。

（2）使用油泵进行减压蒸馏前，应先进行普通蒸馏及用水泵减压蒸馏，除去低沸点物质。加热温度以产品不分解为原则。

（3）仔细地检查整个减压蒸馏系统，看装置是否合理，如玻璃仪器是否破裂、接头部分是否密合等。待检查妥当后，旋紧毛细管，抽气，逐渐关闭安全瓶上的二通活塞。从压力计上观察系统所能达到的真空度。再小心旋转安全瓶上的二通活塞，使缓慢地引进少量空气以调节至所需要真空度。如仍有少量差距，可适当调节毛细管上的螺旋夹，使液体中有连续平稳的小气泡通过。开始用油浴加热，控制油浴温度比待蒸液的沸点高20～30 ℃，使蒸馏速度控制在馏出液1～2滴/s。经常注意蒸馏情况，记录压力和沸点等数据。纯化合物沸点变化范围一般不超过2 ℃。当达到欲蒸馏液的沸点时，小心转动接液管，收集馏出液，直到蒸馏结束。

（4）蒸馏结束或蒸馏过程中需要中断时均应先移去热源，撤去热浴，待稍冷却后，打开毛细管上的螺旋夹，缓慢打开安全瓶上的二通活塞解除真空，使系统内外压力平衡后方可关闭油泵。否则由于系统中压力低，油泵中的油就有被吸入干燥塔的可能。

（5）减压蒸馏系统有时因漏气而达不到所要求的真空度（不是水泵和油泵本身的原因）。应分段在每个连接位置涂肥皂水检查，也可先分段关住，看压力有无变化，帮助判断漏气的接头。如有漏气，可在漏气部位涂少许熔化的石蜡，在涂蜡的缝隙处用电吹风加热再熔。涂蜡应在解除真空的条件下进行。

五、乙酰乙酸乙酯的减压蒸馏

量取10 mL乙酰乙酸乙酯，装入25 mL克氏蒸馏瓶中，按图1-13安装好减压蒸馏装置，按上述操作要点进行减压蒸馏。乙酰乙酸乙酯的沸点与压力的关系如表2-7所示。

表2-7　乙酰乙酸乙酯的沸点与压力的关系

压力/mmHg	760	80	30	20	14	12	7
压力/kPa	101.3	10.6	4.0	2.7	1.9	1.6	0.9
沸点/℃	180	100	88	82	74	71	60

待蒸馏完毕，除去热源，蒸馏瓶稍冷后，打开毛细管上端的螺旋夹，观察压力计上的水银柱，同时用手缓慢打开安全瓶上的二通活塞，解除真空后关闭油泵。取出所需馏分，测折光率，量体积，计算收率。

六、思考题

(1)简述减压蒸馏原理、所需仪器设备及安装的注意事项。

(2)什么样的有机化合物可用减压蒸馏的方法进行分离提纯?

(3)为什么在减压蒸馏时要用毛细管而不用沸石作为气化中心? 如果毛细管堵塞不通,减压蒸馏时会发生什么问题? 应如何处理?

(4)用油泵进行减压蒸馏前,为什么要先用普通蒸馏或水泵蒸馏除去低沸点物质?

(5)减压蒸馏时要注意哪些安全问题?

·············· 实 验 指 导 ··············

一、预习要求

(1)了解减压蒸馏原理及仪器设备的安装,熟悉其操作技术。

(2)熟悉哪些化合物可用减压蒸馏法进行分离提纯。

(3)熟悉减压蒸馏时要注意的安全问题。

二、实验说明

(1)纯的乙酰乙酸乙酯,沸点 180.4 ℃,n_D^{20} 1.4192。

(2)如果减压蒸馏装置达不到所需的真空度,也可检查蒸馏仪器的各个磨口接头。若哪个磨口接头不能旋转,说明该磨口接头漏气,须解除真空后,在磨口处重新涂上真空脂。

(3)解除真空后,大量空气进入蒸馏系统,若瓶内温度太高,内容物遇到空气中的氧,可能被氧化分解,甚至发生意外事故。因此,在解除真空前,必须适当降温。

三、安全事项

(1)必须先撤去热浴,待蒸馏瓶内温度降低后才能解除真空,以免发生意外。

(2)必须在密切注视压力计上水银柱的情况下,才能缓慢打开安全瓶上的二通活塞,先慢后快地解除真空,以免发生意外事故。

实验 11　旋光度的测定

一、实验目的

学习旋光仪的使用方法,了解手性物质旋光度与比旋光度的概念。

二、实验原理

测定手性化合物的旋光度的仪器称为旋光仪。

物质的旋光度与溶液的浓度、溶剂、温度、旋光管长度和所用光源的波长有关系。溶液的

比旋光度为

$$[\alpha]_D^t = \frac{\alpha \times 100}{Lm}$$

单糖、双糖以及淀粉的分解产物糊精都有旋光性。糖的浓度越大,旋光能力也越大。各种糖都有一定的比旋光度,应用旋光度的测定,可以测出糖的含量。测定糖含量时,上面的关系式可写成

$$m = \frac{\alpha \times 100}{L \times [\alpha]_D^t}$$

式中:m 为每 100 mL 溶液中所含糖的质量(g);L 为旋光管的长度(dm);$[\alpha]_D^t$ 为测定糖的比旋光度;t 是测定时的温度;D 是测定时用钠光,相当于太阳光中的 D 线。

三、实验步骤

准确称取葡萄糖 10 g 置于 100 mL 容量瓶中,配成水溶液,依下述操作测定其旋光度。

在使用旋光仪测定旋光度之前,先用蒸馏水校正旋光仪的零点。选用长度适宜的测定管,取下测定管一头的螺帽及玻璃盖、橡皮圈,然后将测定管竖起,注入蒸馏水至管口,因表面张力而形成的凸液面中心高出管顶,这时装上测定管的玻璃盖、橡皮圈,旋上螺帽,直到不漏水为止。螺帽不能旋得太紧,否则护片玻璃会被拧破,注意测定管中不应留有气泡,否则影响读数的准确性。然后将测定管两头残余溶液擦干,以免影响观察清晰度及测定精度。把装有蒸馏水的测定管放在旋光仪的管槽里,先将仪器接上 220 V 交流电源,开启电源开关,约 5 min 后钠光灯发光正常,就可开始工作。调节仪器目镜的焦点,使图像清晰。检查仪器零位是否正确,即在仪器未放测定管或放进充满蒸馏水的测定管时,旋转度盘手轮,使视场中三部分亮度一致,且再向左或向右旋时都使视场中三部分明暗相间、界限分明,看度盘是否在零位,如不在零位,说明零位有误差,必须记下数据供测量时校正,应在测量读数中减去或加上该偏差值。

另取一支长度适宜的干净测定管,先用少量配好的葡萄糖溶液冲洗 2 次,然后在测定管内装满葡萄糖溶液,放在旋光仪的槽中,旋转度盘手轮使视场三部分亮度一致,记录度盘上的度数。从这一度数中减去测蒸馏水时的度数,即得葡萄糖溶液在测定条件下的旋光度。

测新配制的葡萄糖溶液的旋光度,并计算比旋光度,以后每隔 0.5～1 h 测 1 次旋光度,连续测定 4～6 次,观察有何现象,解释原因。

测定管用完后要及时将溶液倒出,用蒸馏水洗涤干净,揩干放置好。所有镜片均不能直接用手擦干,而应用镜头纸擦干。

实 验 指 导

一、预习要求

(1)阅读并领会旋光度测定的原理和操作方法。

(2)观看相关录像。

二、实验说明

(1)旋光度的测定一般要求在 18～22 ℃进行,温度升高 1 ℃,大多数旋光物质的旋光度减少 0.3%。

(2)测定旋光度时,样品溶液必须澄清,不应混浊或含有悬浮的小颗粒,否则应先过滤。

(3)每次测定之前应以溶剂做空白实验,校正零位。测定样品后,再测一次空白,以确定在测定时零位有无变化。如果第二次校正发现零位有变动,则应重新测定旋光度。

2.2　合成与提取实验

实验 12　环己烯的制备与分馏

一、实验目的

(1)学习环己烯的制备方法和分离提纯技术。
(2)掌握分馏原理及简单分馏装置。

二、实验原理

本实验以环己醇为原料,以磷酸为催化剂,加热后,环己醇分子内脱水生成环己烯,经简单分馏从反应体系中蒸出。反应式如下:

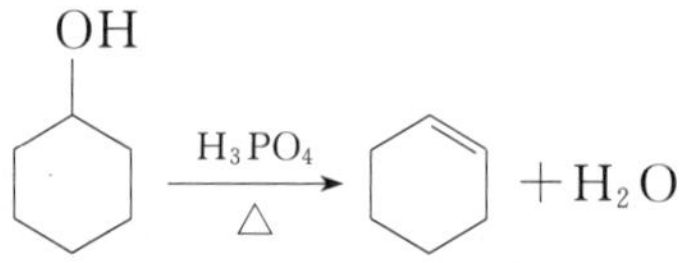

三、分馏原理

应用分馏柱来分离几种沸点相近的混合物的方法称为分馏,它在化学工业和实验室中被广泛应用。现在最精密的分馏设备已能将沸点相差仅 1～2 ℃的混合物分开。利用蒸馏或分馏来分离混合物的原理是一样的,实际上分馏就是多次的蒸馏。

为了简化,以下仅讨论由两组分组成的混合溶液。此时,溶液中每一组分的蒸气分压等于此纯物质的蒸气压和它在溶液中的摩尔分数的乘积,即

$$p_A = p_A^0 x_A, \quad p_B = p_B^0 x_B$$

式中:p_A 和 p_B 分别为溶液中 A 组分和 B 组分的分压;p_A^0 和 p_B^0 分别为纯 A 和纯 B 的蒸气压;x_A 和 x_B 分别为 A 组分和 B 组分在溶液中的摩尔分数。

根据道尔顿分压定律,气相中各组分的蒸气分压与它的摩尔分数成正比。因此,在气相中,各组分的摩尔分数分别为

$$x_A = \frac{p_A}{p_A + p_B}, \quad x_B = \frac{p_B}{p_A + p_B}$$

由此可知,易挥发、蒸气分压较大的组分,在气相中的摩尔分数较高,将此蒸气冷凝(此过程相当于蒸馏)后得到的液体中,易挥发组分比原混合液中多。如将所得液体再行气化,在它的蒸气冷凝后,易挥发组分的摩尔分数又将增加。多次重复,最终就能将两组分分开(凡形成共沸混合物者不在此列)。分馏就是利用分馏柱来实现"多次重复"的蒸馏过程。

分馏柱主要是一根长而垂直的、有一定形状的空管(见图 1-1(5)),或者在空管中装入特制的填料,总的目的是要增大液相和气相的接触面积,增加热交换。经过多次热交换,低沸点组分的蒸气不断上升,最后被蒸馏出来,高沸点组分则不断冷凝流回加热容器中,从而将沸点不同的组分分离。

四、实验步骤

在 50 mL 干燥的圆底烧瓶中,放入 10 g 环己醇(10.5 mL,约 0.1 mol)、5 mL 85％磷酸和一些沸石,充分振摇使之混合均匀。烧瓶上装一短的分馏柱作分馏装置(见图 1-11),用 50 mL 锥形瓶作接收器,外用冰水冷却。将烧瓶放在石棉网上用小火慢慢加热,控制加热速度,缓慢地蒸出生成的环己烯和水,并使分馏柱上端的温度不超过 90 ℃。当烧瓶中只剩下极少量的残渣并出现阵阵白雾时,即可停止蒸馏。全部蒸馏时间约需 1 h。

将蒸馏液用精盐饱和,然后加入 3～4 mL 5％碳酸钠溶液中和微量的酸。将此液体倒入小分液漏斗中,振摇后静置。待液体分层清晰后,将下层水溶液自漏斗下端活塞放出,上层的粗产物自漏斗的上口倒入干燥的小锥形瓶中,加入 2～3 g 无水氯化钙干燥。用木塞塞好,放置 30 min(经常振摇)。将干燥后的产物通过置有折叠滤纸的小漏斗(滤去氯化钙),直接滤入干燥的 50 mL 蒸馏烧瓶中,加入沸石后用水浴加热蒸馏(见图 1-12)。收集 80～85 ℃ 的馏分于一已称重的干燥小锥形瓶中。若在 80 ℃ 以下已有大量液体馏出,可能是由于干燥不够完全所致(氯化钙用量过少或放置时间不够长),应将这部分产物重新干燥并蒸馏之。产量为 5～6 g(收率为 61％～73％)。

本实验需 6～8 h。

五、思考题

(1)在粗制的环己烯中,加入精盐使水层饱和的目的何在?

(2)写出环己烯与溴水、碱性高锰酸钾溶液以及浓硫酸作用的反应式。

(3)下列醇用浓硫酸进行脱水反应时,主要的产物是什么?

①3-甲基-1-丁醇;

②3-甲基-2-丁醇;

③3,3-二甲基-2-丁醇。

(4)在制备环己烯的反应中,加入磷酸的目的是什么? 试列举两种可以替代本反应中所用磷酸的其他试剂。

实 验 指 导

一、预习要求

(1)预习环己烯的制备方法和分离提纯技术,了解除本实验方法外,是否还有其他方法。

(2)熟悉分馏原理和简单分馏装置。

(3)了解在环己烯的分离提纯过程中,为什么要用精盐饱和,为什么用无水氯化钙干燥,可否用其他试剂代替精盐和无水氯化钙;在最后蒸馏前,为什么要滤去氯化钙。

二、实验说明

(1)主要原料和产物的物理性质如表 2-8 所示。

表 2-8　主要原料和产物的物理性质

名称	相对分子质量	熔点/℃	沸点/℃	折光率(20℃)	相对密度	溶　解　性
环己醇	100.16	25.2	160~161	1.4641	0.9624	微溶于 20 ℃水中
环己烯	82.15	−103.7	83.2	1.4465	0.8098	不溶于水

(2)环己醇在常温下为黏稠状液体(熔点为 25.2 ℃),因而用量筒量取时应注意转移中的损失。环己醇与磷酸应充分混合。

(3)反应时,可用油浴加热,使烧瓶受热均匀。由于反应中环己烯与水形成共沸物(沸点为 70.8 ℃,含水 10%),环己醇与环己烯形成共沸物(沸点为 64.9 ℃,含环己醇 30.5%),环己醇与水形成共沸物(沸点为 97.8 ℃,含水 80%),因此,在加热时温度不可过高,蒸馏速度不宜太快,以减少未作用的环己醇蒸出量。

(4)粗产物用 5%碳酸钠溶液中和后,水层应尽可能分离完全,否则将增加无水氯化钙的用量,使产物更多地被干燥剂吸附而导致损失。这里用无水氯化钙干燥较适宜,因它还可除去少量环己醇。

(5)在蒸馏已干燥的产物时,蒸馏所用的仪器都应充分干燥。

三、安全事项

(1)本实验要使用浓磷酸,要注意切勿使之溅到衣服和皮肤上。

(2)本实验的原料和产物易燃,要注意防止火灾。

实验 13　2-甲基-2-氯丙烷的制备

一、实验目的

(1)了解 2-甲基-2-氯丙烷的制备原理及方法。

(2)掌握分液漏斗的使用、蒸馏等基本操作。

二、实验原理

2-甲基-2-氯丙烷也称叔丁基氯或叔氯丁烷。它的制备可用叔丁醇为原料与盐酸作用,也可用异丁烯为原料与氯化氢加成,本实验采用前一种方法。不像一级醇或二级醇那样与盐酸反应时需要催化剂,三级醇在室温条件下,就很容易和浓盐酸反应,其反应式如下:

$$\begin{array}{c}\text{CH}_3 \\ | \\ \text{H}_3\text{C}-\overset{|}{\underset{|}{\text{C}}}-\text{OH} \\ | \\ \text{CH}_3\end{array} + \text{HCl} \longrightarrow \begin{array}{c}\text{CH}_3 \\ | \\ \text{H}_3\text{C}-\overset{|}{\underset{|}{\text{C}}}-\text{Cl} \\ | \\ \text{CH}_3\end{array} + \text{H}_2\text{O}$$

三、实验步骤

在分液漏斗中加入 10 mL 叔丁醇和 25 mL 浓盐酸,混合后,勿将塞子塞住,缓缓旋动分液漏斗内的混合物。约旋动 1 min 后,塞紧塞子,将分液漏斗倒置。倒置后小心打开旋塞,排出气体以减少压力。然后振摇分液漏斗数分钟,中间不断排气。令混合物静置,直至分出澄清的两层,弃去下层酸液。有机层用 20 mL 饱和氯化钠溶液洗涤,接着用 10 mL 饱和碳酸氢钠洗涤,最后再用 20 mL 饱和氯化钠溶液洗涤。仔细分去水层,有机层放入干燥的小锥形瓶内,并用无水氯化钙干燥。振摇以加速干燥过程。待澄清后滤入蒸馏瓶中,蒸馏,收集沸程为 49~52 ℃的馏分,称重并计算收率。

四、思考题

(1)使用分液漏斗时,要注意什么问题?

(2)在实验中,用碳酸氢钠中和酸,应特别注意什么问题? 能否用氢氧化钠稀溶液代替,为什么?

···················· 实 验 指 导 ····················

一、预习要求

(1)学习卤代烃的制备方法,了解 2-甲基-2-氯丙烷制备的原理。

(2)熟悉分液漏斗的使用和蒸馏操作。

二、实验说明

(1)主要原料及产物的物理性质如表 2-9 所示。

表 2-9　主要原料及产物的物理性质

名　　称	相对分子质量	熔点/℃	沸点/℃	相对密度	折光率	溶　解　性
叔丁醇	74.12	25.5	82.5	0.7887	1.3878	易溶于水
叔氯丁烷	92.57	−25	51	0.847	1.3848	难溶于水,溶于醇和醚

(2)该实验为小型制备实验,所用仪器均须小型化,以免损失太大。故反应也可在小锥形瓶中进行。

(3)分出两层后,可先量出有机层的体积,然后再洗涤,以便于查找影响收率的原因。

如分出有机层的量较少,或水层仍混浊,可将分出的水层倒进分液漏斗,加入 1~2 g 无水氯化锌振摇再分层。

(4)在开始加入饱和碳酸氢钠溶液时,剧烈放出气体,缓慢旋动未加上塞的分液漏斗直至气体基本停止逸出,将分液漏斗上口塞紧并缓慢倒置,立即排放气体,静置,分离出有机层。

三、安全事项

在使用分液漏斗过程中,要注意放气,以免发生事故。

实验 14　正溴丁烷的制备

一、实验目的

(1)熟悉溴代烷的制备原理及实验方法。
(2)掌握液态有机化合物的洗涤、干燥和蒸馏等基本操作技术。
(3)熟悉回流装置和有害气体吸收装置的应用及其目的。

二、制备原理

主反应:

$$NaBr + H_2SO_4 \longrightarrow HBr + NaHSO_4$$

$$n\text{-}C_4H_9OH + HBr \xrightarrow{H_2SO_4} n\text{-}C_4H_9Br + H_2O$$

副反应:

$$CH_3CH_2CH_2CH_2OH \xrightarrow[>140\ ℃]{H_2SO_4} CH_3CH_2CH{=}CH_2 + H_2O$$

$$2n\text{-}C_4H_9OH \xrightarrow[130\sim140\ ℃]{H_2SO_4} (n\text{-}C_4H_9)_2O + H_2O$$

三、实验步骤

在 100 mL 圆底烧瓶中,放入 10 mL 水,小心加入 10 mL 浓硫酸,混合均匀后冷却至室温。依次加入 5 g 正丁醇(约 6.2 mL,0.068 mol)和 8.3 g 研细的溴化钠(0.081 mol)。充分振摇后,加入几粒沸石,装上回流冷凝管,在其上端接一吸收溴化氢气体的装置(见图 1-8(2))。注意勿使漏斗全部埋入水中,以免倒吸。将烧瓶在石棉网上用小火加热回流 0.5 h,并经常摇动。冷却后,拆去回流装置,瓶口用一支 75°弯管连接,改装成蒸馏装置,并用 50 mL 锥形瓶作接收器。烧瓶中再加入几粒沸石,在石棉网上加热,蒸出所有的正溴丁烷。

将馏出液移至分液漏斗中,加入 10 mL 水,摇匀洗涤,将下层粗产物分入另一干燥的分液漏斗中。然后分 2 次加入 3 mL 浓硫酸洗涤,每次均须摇匀,尽量分离干净硫酸层,余下的有机层自漏斗上口倒入原来已洗净的分液漏斗中。再依次用水、饱和碳酸氢钠溶液、水各 10 mL 洗涤。最后将下层产物盛于干燥的 50 mL 锥形瓶中,加入约 2 g 无水氯化钙,塞紧瓶塞,间歇摇动锥形瓶,至溶液澄清为止。

干燥后的产物通过置有折叠滤纸的小漏斗滤入 50 mL 蒸馏烧瓶中,加入沸石后,在石棉网上加热蒸馏。收集 99~103 ℃的馏分。产量约 6.5 g。

四、思考题

(1)加料时,如先使溴化钠与浓硫酸混合,然后加正丁醇及水,这样操作可以吗?为什么?

(2)反应后的产物可能含哪些杂质?各步洗涤的目的何在?用浓硫酸洗涤时为何要用干燥的分液漏斗?

(3)用分液漏斗洗涤产物时,正溴丁烷时而在上层,时而在下层,用什么简便的方法加以判断?

(4)为什么用分液漏斗洗涤产物时,经摇动后要放气?

(5)写出无水氯化钙吸水后所起化学变化的反应式。为什么蒸馏前一定要将它过滤掉?

实 验 指 导

一、预习要求

(1)熟悉溴代烷的制备方法。除本实验方法外,是否还有其他方法?

(2)了解本实验每一步洗涤的目的,可否用其他洗涤方法?

(3)掌握回流及蒸馏的目的、原理和装置。熟悉有害气体的吸收装置。

二、实验说明

(1)主要原料及产物和副产物的物理性质如表 2-10 所示。

表 2-10　主要原料及产物和副产物的物理性质

名　　称	相对分子质量	熔点/℃	沸点/℃	折光率(20 ℃)	相对密度	溶　解　性
正丁醇	74.12	−89.8	117.7	1.3993	0.8098	7.9 g/100 g(水)
正溴丁烷	137.03	−112.4	101.6	1.4399	1.276	不溶于水
1-丁烯	56.11	−185.4	−6.3	—	0.5946	—
正丁醚	130.23	−98	142.4	1.3992	0.7694	—

(2)安装球形回流冷凝管的目的主要是使烧瓶中的液体受热沸腾后,其蒸气上升至冷凝管,冷凝成液体流回烧瓶中,以此来控制烧瓶中的温度。例如,在回流装置中用 70% 乙醇溶解萘(见实验 4),在回流状态下进行,使烧瓶中萘的溶解温度控制在乙醇-水的共沸温度附近。本实验在回流状态下反应,则起始反应温度在正丁醇的沸点附近,随着反应不断生成正溴丁烷和水,反应液温度就逐渐转变至正溴丁烷与水的共沸点附近。

(3)回流冷凝管上端接气体吸收装置(见图 1-8(2))是为了吸收反应中生成的酸性、碱性或其他有毒气体。溶于水的酸性或碱性气体,可用水吸收,也可用稀碱液吸收酸性气体,用稀酸液吸收碱性气体。有毒气体可用适当溶剂吸收;有时也可用水溶液分解吸收,如用稀碱液分解吸收有毒的光气。

(4)反应完毕,进行蒸馏时,正溴丁烷是否蒸完,可从下列几方面判断:①馏出液是否由混浊变为澄清;②反应瓶上层油层是否消失;③取一试管收集几滴馏出液,加水摇动,观察有无油珠出现,如无,表示馏出液中已无有机物,蒸馏已完成,蒸馏不溶于水的有机物时,常可用此法检验。

(5)如水洗后的粗产物尚呈红色,是由于浓硫酸的氧化作用生成游离溴,可加入几毫升饱和亚硫酸氢钠溶液洗涤除去,其反应方程式如下:

$$2NaBr+3H_2SO_4(浓)=\!=\!=Br_2+SO_2+2H_2O+2NaHSO_4$$
$$Br_2+3NaHSO_3=\!=\!=2NaBr+NaHSO_4+2SO_2+H_2O$$

(6)浓硫酸能溶解存在于粗产物中的少量未反应的正丁醇和副产物正丁醚等杂质。这样可防止在产物纯化的蒸馏中,正丁醇和正溴丁烷形成共沸物(沸点为 98.6 ℃,含正丁醇13%),影响产物的纯度。

三、安全事项

(1)本实验使用浓硫酸,要注意避免发生意外事故。
(2)反应中生成的酸性气体溴化氢,除使用吸收装置外,还应在通风条件下进行操作。
(3)正丁醇和副产物正丁醚、1-丁烯均易燃烧,应注意防止火灾。

实验 15　正丁醚的制备

一、实验目的

(1)学习酸催化下醇分子间脱水制醚的反应原理和实验方法。
(2)掌握使用分水器的实验操作。

二、实验原理

醇分子间脱水而生成醚是制备单纯醚的常用方法。反应必须在催化剂存在的情况下进行,所用催化剂可以是硫酸、氧化铝、苯磺酸等,本实验用硫酸作为催化剂。醇在酸存在下脱水可生成醚和烯烃等,温度对其影响很大,所以必须严格控制反应温度。反应式如下:

$$2CH_3CH_2CH_2CH_2OH \xrightarrow{\text{H}_2\text{SO}_4,135\ ℃} CH_3CH_2CH_2CH_2OCH_2CH_2CH_2CH_3+H_2O$$

副反应:

$$CH_3CH_2CH_2CH_2OH \xrightarrow[>135\ ℃]{\text{H}_2\text{SO}_4} CH_3CH_2CH=\!=CH_2+H_2O$$

生成醚的反应是可逆反应,可以不断将反应产物(水或醚)蒸出,使可逆反应朝有利于生成醚的方向进行。

三、实验步骤

在 25 mL 二口烧瓶中,加入 8 mL 正丁醇和约 1.1 mL 浓硫酸,振摇使混合均匀,并加入几粒沸石。按装置图 1-16 安装反应器,一瓶口装上温度计,另一瓶口装上分水器,分水器上端连一回流冷凝管,先在分水器中放置(V-1)mL 水,然后将烧瓶在石棉网上用小火加热,使瓶内液体微沸,开始回流。

在分水器中可以发现液面增加,这是由于反应生成的水及未反应的正丁醇经冷凝管聚集于分水器内,由于密度的不同,水在下层,而密度较水小的正丁醇浮于水面而流回到反应瓶中。继续加热到瓶内温度升高到 134～135 ℃(约需 20 min)。待分水器已全部被水充满时,表示反应已基本完成。如继续加热,则溶液变黑,并有大量副产物丁烯生成。

反应物冷却后,把混合物连同分水器里的水一起倒入内盛 13 mL 水的分液漏斗中,充分振摇,静置后,分出正丁醚粗产物,用两份 4 mL 50% 硫酸洗涤 2 次,再用 5 mL 水洗涤 1 次,分出有机层,用无水氯化钙干燥。将干燥后的粗产物滤入蒸馏烧瓶中,蒸馏收集 139～142 ℃ 的馏分,产量为 2～3 g。用硝酸铈铵检验产物中是否还含有正丁醇。

四、思考题

(1)假定正丁醇的用量为 80 g,试计算在反应中会生成多少水。

(2)怎样严格控制反应温度,如何判断反应已经比较完全?

(3)反应物冷却后为什么要倒入 13 mL 水中,各步洗涤的目的何在?

实 验 指 导

一、预习要求

(1)了解单纯醚的制备原理和实验方法。

(2)复习下列基本操作内容:①回流操作;②萃取、分液漏斗使用(见实验5);③液体有机物的干燥(见实验8);④蒸馏操作(见实验2);⑤折光率测定(见实验2)。

二、实验说明

(1)主要原料和产物的物理性质如表 2-11 所示。

表 2-11　主要原料和产物的物理性质

名　称	相对分子质量	性　状	沸点/℃	相对密度	折光率(20 ℃)	溶　解　性		
						水	乙醇	乙醚
正丁醇	74.12	无色液体	117.7	0.8098	1.3993	溶	溶	溶
正丁醚	130.23	无色液体	142.4	0.7694	1.3992	微溶	溶	溶

(2)分水器是用有水生成的可逆反应制备产物时常用到的仪器,它可以不断排除反应过程中产生的水,使反应向希望的方向进行,有利于提高产物的收率。如在制取正丁醚时,由于原料正丁醇(沸点为 117.7 ℃)和产物正丁醚(沸点为 142.4 ℃)的沸点都比水的沸点高,故可使反应在装有分水器的回流装置中进行,控制加热温度,并将生成的水或水的共沸物不断蒸出。虽然蒸出的水中会夹有正丁醇等有机物,但由于正丁醇在水中溶解度较小,密度又比水小,浮于水层之上,因此,借助分水器可使绝大多数的正丁醇自动连续地返回反应瓶中继续反应,而

水则沉于分水器的下部,待静置后弃去。

(3)如果从醇转变为醚的反应是定量地进行,那么,反应中应该除去的水的体积可以通过反应方程式来估算。

例:$2C_4H_9OH \longrightarrow (C_4H_9)_2O + H_2O$

$\qquad 2 \times 74 \text{ g} \qquad\qquad 130 \text{ g} \qquad 18 \text{ g}$

本实验是用 6.5 g 正丁醇脱水制正丁醚,那么应该脱去的水量为

$$6.5 \times \frac{18}{2 \times 74} \text{ g} = 0.79 \text{ g}$$

实际上,由于正丁醇中会溶解少量水(20 ℃时 100 mL 正丁醇溶解 7.98 g 水)以及丁烯的生成反应中产生的水,所以分出来的水会比理论计算的略多些。在实验前预先在分水器(见图 1-2(4))加 $(V-V_1)$ mL 水,V 为分水器的容积,V_1 为反应生成的水的体积,预先加的水和反应生成的水加起来正好充满分水器,而使气化冷凝后的醇正好溢流返回反应瓶中,从而达到自动分离的目的。

(4)制备正丁醚的较适宜温度是 130～140 ℃,但这一温度在开始回流时是很难达到的。因为正丁醚可与水形成共沸物(沸点为 94.1 ℃,含水 33.4%);另外,正丁醚与水及正丁醇形成三元共沸物(沸点为 90.6 ℃,含水 29.9%,正丁醇 34.6%),正丁醇与水也可形成共沸物(沸点为 93 ℃,含水 44.5%)。故反应初期应控制温度在 90～100 ℃之间较适合,而实际操作是在 100～115 ℃之间,反应 20 min 后可达 130 ℃以上。

(5)硫酸洗涤粗产物的目的是除去未反应的正丁醇,正丁醇可溶于 50%硫酸中,而正丁醚微溶。

(6)正丁醚的沸点是 142.4 ℃,因此,蒸馏正丁醚时应用空气冷凝管。

三、安全事项

取用浓硫酸时要小心,不要弄到皮肤和衣物上。实验中的废酸不要倒入下水道,而应倒回收集废酸的烧杯中。

实验 16　苯乙醚的制备

一、实验目的

(1)学习 Williamson 合成法制备醚的原理和方法。
(2)熟悉滴液漏斗的使用。
(3)进一步练习干燥和减压蒸馏的操作。

二、实验原理

由卤代烷或硫酸酯(常用硫酸二甲酯或硫酸二乙酯)与醇钠或酚钠反应制备醚的方法称为 Williamson 合成法,它可以合成单醚,也可以合成混合醚,反应机制是烷氧(酚氧)负离子对卤代烷或硫酸酯的亲核取代反应(S_N2)。

反应式如下:

$$\text{OH} + CH_3CH_2Br \xrightarrow{\text{NaOH}} \text{OCH}_2CH_3$$

三、实验步骤

在装有搅拌器、回流冷凝管和滴液漏斗的 50 mL 三口烧瓶中,加入 3 g 苯酚、2 g 氢氧化钠和 2 mL 水,开始搅拌,水浴温度在 80~90 ℃ 之间,缓慢滴加 3.4 mL 溴乙烷,约 0.5 h 可滴加完毕,继续保温 2 h,然后降至室温。加适量水(约 10 mL)使固体全部溶解。把液体转入分液漏斗中,分出水相,有机相用等体积饱和食盐水洗 2 次(若出现乳化现象,可减压过滤),分出有机相,合并两次的洗涤液,用 10 mL 乙醚提取 1 次,提取液与有机相合并,用无水氯化钙干燥。水浴蒸出乙醚,再减压蒸馏,收集产品,也可以进行常压蒸馏,收集 171~173 ℃ 的馏分。产品为无色透明液体,质量为 2.5~3 g。苯乙醚的沸点与压力的关系如表 2-12 所示。

表 2-12 苯乙醚的沸点与压力的关系

压力/kPa	0.1333	0.667	1.333	2.667	5.333	8	13.33	26.67	53.33	101.32
压力/mmHg	1	5	10	20	40	60	100	200	400	760
沸点/℃	18.1	43.7	56.4	70.3	86.6	95.4	108.4	127.9	149.8	172

四、思考题

(1)反应过程中,回流的液体是什么,出现的固体是什么,为什么保温到后期回流不太明显了?

(2)用饱和食盐水洗涤的目的何在?

(3)若制备乙基仲丁基醚,需要什么原料,能否采用仲氯丁烷和乙醇钠,为什么?

·········· 实 验 指 导 ··········

一、预习要求

(1)了解 Williamson 合成法制备醚的原理和方法。

(2)复习搅拌、回流、滴液、液体有机物的干燥以及减压蒸馏等基本操作。

二、实验说明

(1)主要原料和产物的物理性质如表 2-13 所示。

表 2-13 主要原料和产物的物理性质

名 称	相对分子质量	性 状	沸点/℃	相对密度	折光率(20 ℃)	溶 解 性		
						水	乙醇	乙醚
苯乙醚	122.17	无色液体	172	0.967	1.5076	微溶	溶	溶
溴乙烷	108.97	无色液体	38.4	1.4604	1.4235	微溶	溶	溶

(2)苯酚溶于氢氧化钠的水溶液中,而溴乙烷在水中的溶解度较小,因此,制备苯乙醚是非均相反应。在氢氧化钠的水溶液中,溴乙烷还会与氢氧化钠发生水解反应生成醇,也可能发生消去反应生成烯,是副反应,因此氢氧化钠的量不宜过多。由于主反应是放热反应,滴加溴乙烷可以通过控制反应量来控制反应的程度,以免反应放热太剧烈而加大副反应的程度。

(3)在80~90 ℃之间反应,回流的是溴乙烷。由于溴乙烷的沸点相对较低,因此,过高的反应温度会使溴乙烷来不及在回流管中冷却而损失。

(4)在反应过程中会生成固体的溴化钠盐,因此,在反应结束后用少量水溶解,并与在水中溶解较少的产物苯乙醚分离。在分离后,苯乙醚层还有少量的碱和无机盐,因此需要用水洗除去。而苯乙醚在水中也有少量溶解,可用乙醚萃取。

(5)常压下,由于苯乙醚的沸点为172 ℃,因此可以进行减压蒸馏,也可以进行常压蒸馏,常压蒸馏时注意用空气冷凝管。

三、安全事项

注意氢氧化钠对皮肤有腐蚀性,一旦接触要立即用水冲洗。减压蒸馏时需注意相关的安全事项。

实验 17　2-硝基-1,3-苯二酚的合成

一、实验目的

(1)熟悉苯环上亲电取代反应的定位规律及磺化反应的应用。
(2)学习 2-硝基-1,3-苯二酚的合成方法。
(3)掌握水蒸气蒸馏操作技术及冷却操作。

二、实验原理

本实验以间苯二酚为原料,经磺化、硝化和水解而制得产品,反应式如下:

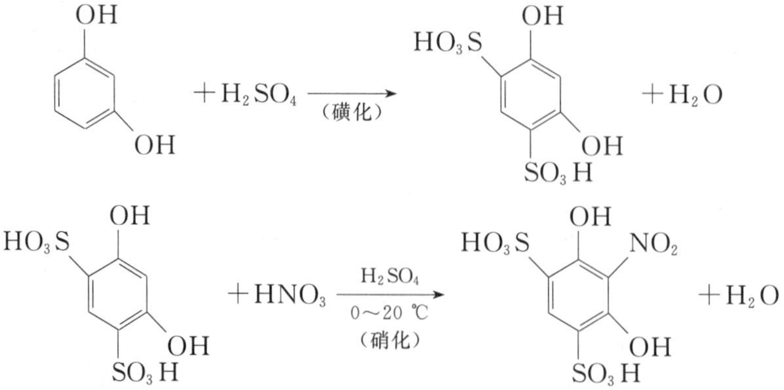

$$\text{(二磺酸基硝基间苯二酚)} + H_2O \xrightarrow[\text{(水解)}]{\underset{100\ ℃}{H_2SO_4}} \text{(2-硝基-1,3-苯二酚)} + H_2SO_4$$

三、实验步骤

将 2.7 g(0.02 mol)粉状间苯二酚加入 100 mL 锥形瓶中,再加入 13 mL(23.4 g, 0.23 mol)浓硫酸(98%,相对密度为 1.84),同时充分搅拌,这时反应放热,立即生成白色磺化物(如无产物生成,加热反应物至 60~65 ℃),室温放置 15 min 后于冰水浴中冷至 0~10 ℃。

当反应物冷却后,用滴管滴加预先用冰水浴冷却好的混合酸,即 2.1 mL(2.02 g,0.03 mol)硝酸(70%~72%,相对密度为 1.42)和 2.9 mL(5.33 g,0.053 mol)的浓硫酸,同时进行搅拌,使反应温度不超过 30 ℃。这时反应物呈黄色黏稠状(不应该为棕色或紫色)。滴加完毕后,在室温下放置 15 min,再仔细用 7.5 mL 冷水稀释(最好用 7.5 g 碎冰),保持温度在 50 ℃以下。

将反应物(液)转移至 250 mL 三口烧瓶中,加入 0.1 g 尿素后,进行水蒸气蒸馏(见图 1-14)。在冷凝管壁上和馏出液中立即出现橘红色固体,到冷凝管壁上没有橘红色固体时,可以停止蒸馏,蒸馏液在冰水中冷却,过滤。晶体用 5 mL 稀乙醇(2.5 mL 95%乙醇加 2.5 mL 水)重结晶,得到橘红色片状晶体,熔点为 84~85 ℃,产量为 1~1.2 g,其收率约为 32%。

四、思考题

(1)合成 2-硝基-1,3-苯二酚根据什么反应规律,应用哪些主要反应?

(2)本实验加入尿素的目的是什么?

(3)水蒸气蒸馏应注意哪些问题,本实验为何采用水蒸气蒸馏?

·········· 实 验 指 导 ··········

一、预习要求

(1)复习苯环上亲电取代反应的定位规律、磺化反应的可逆性及其在合成上的应用。

(2)熟悉水蒸气蒸馏的基本操作,参见实验 9。

二、实验说明

(1)主要原料和产物的物理性质如表 2-14 所示。

表 2-14　主要原料和产物的物理性质

名　　称	相对分子质量	性　状	熔点/℃	沸点/℃	相对密度	溶　解　性
间苯二酚	110.11	白色晶体	109~111	280~281	1.285	易溶于水、乙醇、乙醚
2-硝基-1,3-苯二酚	155.11	红色片状	84~85	178	—	—

（2）间苯二酚须用研钵磨碎成粉状，否则磺化反应不完全。

（3）加入尿素的目的是使多余的硝酸和尿素反应生成盐($CO(NH_2)_2 \cdot HNO_3$)溶于水而被除去。

（4）水蒸气蒸馏时可用调节冷凝水流速的方法，避免产品堵塞冷凝管或产品随水蒸气挥发，造成损失。

（5）该实验的关键是要控制好温度，温度过高易得到紫色物，降低产量。

（6）对于一些放热或涉及不稳定中间体的反应，以及为了使物质凝结为液体或晶体等情形，都需要用到冷却操作。

除自然冷却和用冷水冷却之外，实验室中常使用冰盐等冷却剂构成冷浴来实现冷却，表2-15提供一些常用的冷却剂可供选择。

表 2-15　常用冷却剂的组成

冷却剂组成(质量比)	可达最低温度/℃	适用范围/℃
冰-水	0	5～10
冰-食盐(3∶1)	−22	−15～−5
冰-$CaCl_2 \cdot 6H_2O$(2∶3)	−55	−50～−40
冰-NH_4Cl	−15	−10～−5
干冰-乙醇	−72	—
干冰-乙醚(或丙酮)	−77	—

为了保持冷却效率，通常把干冰和它的溶液盛放在保温瓶中或其他绝热性能好的容器中。这种用冷却剂的冷却只能维持有限的一段时间，因为当冷却剂不断从被冷却物那里吸收热量后，它的组成和性质也发生了改变，所以在操作中应常常注意冷却剂是否已经降低效率，并补充或更换冷却剂。

三、安全事项

（1）本实验使用浓硫酸、浓硝酸，注意不要弄到衣物、皮肤上，以免出现意外事故。

（2）注意水蒸气蒸馏装置的正确安装和安全管的水位，以免发生意外事故。

实验 18　食品抗氧化剂 TBHQ 的合成

一、实验目的

（1）学习 TBHQ 的合成原理和分离提纯技术。

（2）学习电动搅拌器的安装和使用技术。

（3）掌握水蒸气蒸馏原理、仪器装置和操作技术。

（4）掌握固体有机物的结晶、分离提纯和熔点测定技术。

二、实验原理

TBHQ 的化学名为 2-叔丁基氢醌或 2-叔丁基对苯二酚,是一种广泛使用的食品抗氧化剂;它还可与甲基化试剂作用,合成另一种抗氧化剂 BHA(即 2-叔丁基-4-甲氧基苯酚或 3-叔丁基-4-甲氧基苯酚)。

本实验用下述反应合成 TBHQ:

$$HO-\langle\bigcirc\rangle-OH + (H_3C)_3C-OH \xrightarrow[90\sim95\ ℃]{H_3PO_4/甲苯} HO-\langle\bigcirc\rangle\genfrac{}{}{0pt}{}{-OH}{C(CH_3)_3} + H_2O$$

三、实验步骤

用 150 mL 三口烧瓶,按图 1-10 安装好滴液漏斗、回流冷凝管、温度计和搅拌装置。在三口烧瓶中装入 2.8 g(0.025 mol)对苯二酚、10 mL 浓磷酸和 10 mL 甲苯。冷凝管中慢速通入冷水。开动搅拌,并用水浴(或油浴)加热三口烧瓶,待瓶内混合物温度升至 90 ℃时开始从滴液漏斗缓慢滴入 2.5 mL(约 0.025 mol)叔丁醇,并控制反应温度在 90~95 ℃之间,在 30~45 min 内滴完叔丁醇,并继续保温搅拌至固体物完全溶解为止(从滴加叔丁醇开始计时,约需 1 h)。撤去热浴,停止搅拌,趁热将反应物转移至 50 mL 分液漏斗中,并趁热分去磷酸层。甲苯层倒回冲洗过的三口烧瓶中,加入 30 mL 水,按图 1-14 装水蒸气蒸馏装置,用 100 mL 锥形瓶作接收瓶,进行水蒸气蒸馏。蒸馏完毕后,将三口烧瓶内的被蒸馏物趁热抽滤,弃去固体物。滤液随即出现白色沉淀。将滤液和白色沉淀趁热转移至 100 mL 烧杯中,静置让其自然冷却,最后用冷水浴充分冷却后抽滤,用少量冷水淋洗 2 次,抽干后取出结晶物,放入表面皿中,用红外灯干燥至恒重,得白色闪亮的细粒状(或针状)晶体。将产物测熔点,称重后装入回收瓶,计算收率。必要时,可用水重结晶,使粗产物纯化。

四、思考题

(1)本合成反应为什么在甲苯/磷酸两相条件下进行?

(2)本实验中水蒸气蒸馏的目的何在,蒸馏完后为什么要趁热抽滤去固体物?

(3)反应中可否加入过量的叔丁醇,为什么?

(4)可否用浓硫酸取代浓磷酸作催化剂,为什么?

(5)写出由 TBHQ 合成 BHA 的反应式。

········· **实　验　指　导** ·········

一、预习要求

(1)复习酚类化合物的烃基化反应、可用的试剂和催化剂。

(2)复习水蒸气蒸馏原理、仪器装置和操作要点(见实验 9)。

(3)复习固体有机物的重结晶技术(见实验 4)和熔点测定技术(见实验 3)。

二、实验说明

(1)主要原料和产物的物理性质如表 2-16 所示。

表 2-16　主要原料和产物的物理性质

名　称	相对分子质量	性　状	熔点/℃	沸点/℃	相对密度	溶　解　性
对苯二酚	110.11	无色针状晶体	172.3	286.2	1.332	6 g/100 g
叔丁醇	74.12	无色液体	25.5	82.5	0.7887	易溶于水
TBHQ	166.22	无色针状晶体	129	—	—	易溶于热水,微溶于冷水
2,5-二叔丁基对苯二酚	212	—	219	—	—	难溶于热水

(2)搅拌棒采用简易密封式,用液体石蜡润滑。安装时,搅拌棒应保持垂直,其末端不能触及瓶底。搅拌棒在瓶内的长度不超过其总长度的一半,以免开动搅拌后摆动过大,碰撞瓶壁或瓶内的温度计等物。安装好后,应先用手旋动搅拌棒,确认其转动不受阻滞后,方可开动搅拌机。

(3)对苯二酚主要溶于磷酸中,滴入叔丁醇后,在磷酸的催化下,叔丁醇与对苯二酚反应,生成 2-叔丁基对苯二酚,随即大部分溶入甲苯中,可减少其继续与叔丁醇反应而生成二取代或多取代产物的机会。

(4)反应温度不可太低,以免反应速度太慢;也不可太高,以减少二取代或多取代产物的生成。

(5)进行水蒸气蒸馏,是为了除去甲苯和未反应的对苯二酚。

(6)冷凝液不混浊,无油珠,水蒸气蒸馏即可停止。可将全部馏出液倒入分液漏斗中,待冷却后分出甲苯层,倒入回收瓶中,以便蒸馏回收甲苯。

(7)水蒸气蒸馏完毕后,将被蒸物趁热抽滤,滤去少量不溶或难溶于热水的二取代或多取代副产物。

三、安全事项

(1)量取及转移磷酸时,注意不使磷酸接触皮肤和衣物。

(2)量取甲苯和叔丁醇时,应远离火源。

(3)注意水蒸气蒸馏的有关安全问题。

实验 19　三苯甲醇的制备

一、实验目的

学习利用格氏反应合成三苯甲醇的原理和方法,掌握无水操作的技术。

二、实验原理

$$C_6H_5Br + Mg \xrightarrow{\text{无水乙醚}} C_6H_5MgBr$$

$$C_6H_5MgBr + C_6H_5COOC_2H_5 \longrightarrow$$

$$\longrightarrow C_6H_5\overset{O}{\underset{\|}{C}}C_6H_5 + C_2H_5OMgBr$$

$$C_6H_5\overset{O}{\underset{\|}{C}}C_6H_5 + C_6H_5MgBr \xrightarrow{\text{无水乙醚}} (C_6H_5)_3COMgBr \xrightarrow{H_2O/H^+} (C_6H_5)_3COH$$

三、实验步骤

在 250 mL 的三口烧瓶中,放入 1.5 g 镁条,并安装带无水氯化钙干燥管的球形冷凝管和滴液漏斗。量取 6.7 mL(10 g)溴苯并溶于 30 mL 无水乙醚中,将其中 1/3 由滴液漏斗加入烧瓶中,用手掌温热反应瓶,令反应发生。温热数分钟后,如反应仍不开始,可加入一小粒碘,以引发反应。当反应较为平稳后,将剩余的溴苯的醚溶液慢慢滴加入反应瓶中。同时,控制滴加速度以使反应保持微沸状态。滴加完毕,当反应液停止沸腾时,将反应瓶置于约 40 ℃ 热水浴上,在保持反应液微微沸腾的状态下,回流 30~40 min。回流完毕时,瓶中镁屑应完全溶解。

用冷水冷却反应瓶,在不断搅拌下,将 5 mL 苯甲酸乙酯与 10 mL 无水乙醚的混合液逐滴加入其中。滴加完毕后继续振荡 5 min,令反应完毕,这时反应物明显地分为两层。

在振荡与冷却下,将用 7 g 氯化铵配成的饱和水溶液慢慢加入反应瓶中,然后,在水浴上蒸去乙醚。往残余物中加入 20 mL 石油醚(沸程 60~90 ℃),搅拌几分钟,有大量浅黄色的三苯甲醇沉淀生成,过滤收集,用适量的 80% 乙醇重结晶。产量约 5 g,熔点为 161~162 ℃。

此外,蒸去乙醚后的残余物也可进行水蒸气蒸馏,以除去未反应的溴苯和联苯等副产物,冷却后,三苯甲醇呈固态析出。

四、思考题

(1)如果苯甲酸乙酯和乙醚中含有乙醇,会对反应产生什么不好的影响?

(2)利用什么羰基化合物与格氏试剂反应,可制备一级醇、二级醇、三级醇?写出反应通式。

实 验 指 导

一、预习要求

(1)复习、掌握格氏试剂的制备和应用,学习利用格氏试剂和苯甲酸乙酯反应制备三苯甲醇的原理。

（2）了解无水、无氧实验操作方法。

二、实验说明

（1）主要反应物和产物的物理性质如表 2-17 所示。

表 2-17　主要反应物和产物的物理性质

名　　称	相对分子质量	熔点/℃	沸点/℃	折光率	相对密度(20/4)	溶　解　性
溴苯	157.01	−30.6	156.2	1.5997(20 ℃)	1.495	难溶于水,与乙醇、乙醚、氯仿混溶
苯甲酸乙酯	150.18	−32.7	213	1.5205(15 ℃)	1.0458	微溶于水,易溶于乙醇和乙醚
镁	24.305	651	1107	—	1.74	
三苯甲醇	260.34	164.2	380	—	1.199	不溶于水,溶于乙醇、乙醚和苯

（2）本反应仪器要干燥,绝对不能有水,这是进行格氏试剂反应成功的关键。

（3）要用砂纸把镁条表面的氧化层擦去,然后剪成小段(约 5 mm 长),以增加反应接触面,使生成格氏试剂的反应较快进行。此外,也可多加一小粒碘,以诱导反应开始。

（4）反应不可太剧烈,否则,温度高时乙醚会从冷凝管上口逸出。

（5）三苯甲醇在乙醇中溶解度较大,但不溶于水,可先用 95％的乙醇溶解。

（6）用乙醚作溶剂时,绝对不能有明火。

实验 20　邻硝基苯酚和对硝基苯酚的制备

一、实验目的

（1）熟悉苯环上亲电取代反应原理和定位规则的应用。

（2）学习分离邻硝基苯酚、对硝基苯酚的原理和方法。

（3）掌握水蒸气蒸馏、重结晶的基本操作。

二、实验原理

酚羟基活化苯环作用的存在,使苯酚亲电取代反应易于进行。苯酚的硝化属于亲电取代反应的一种,在室温下以硝酸作为硝化剂即可发生作用。由于酚羟基的定位效应,主要是生成邻、对位产物,反应式如下:

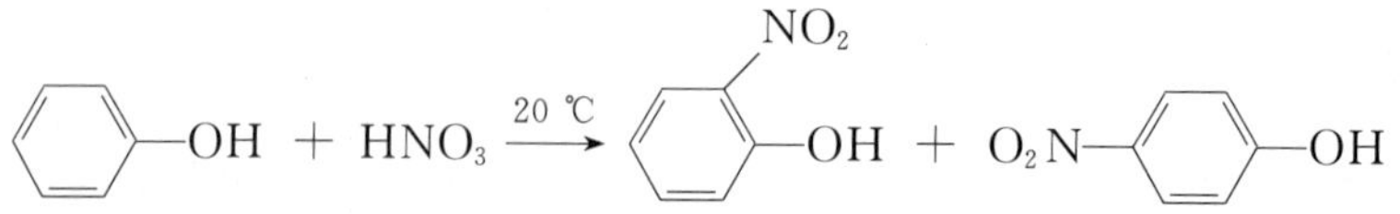

生成的邻硝基苯酚由于能形成分子内氢键,沸点较对硝基苯酚低,同时在沸水中的溶解度也较对硝基苯酚小,易随水蒸气蒸出,因此,借助水蒸气蒸馏可将两异构体分开。

三、实验步骤

滴液漏斗固定在铁圈上,将滴液漏斗下口和温度计放入 150 mL 锥形瓶中。

锥形瓶中放置 4.5 g 苯酚、0.5 mL 水和 15 mL 苯,滴液漏斗中放置 4 mL 浓硝酸。将锥形瓶置于冰水浴中冷却,待瓶内混合物温度降至 10 ℃ 以下,自滴液漏斗中逐滴滴入浓硝酸,不时振摇锥形瓶,小心维持温度在 5～10 ℃。浓硝酸滴加完后,将锥形瓶在冰水浴中放置 5 min,再在室温下放置 1 h。然后将锥形瓶在冰水浴中冷却,对硝基苯酚析出,抽滤,晶体用 10 mL 苯洗涤。对硝基苯酚粗产物用 2% 稀盐酸重结晶。

将滤液和苯洗涤液合并置于分液漏斗中,分出苯层并转入三口烧瓶中,加 15 mL 水进行水蒸气蒸馏(见图 1-14)。待苯全部蒸出后,调换接收器,继续蒸出邻硝基苯酚。冷却、抽滤并收集邻-硝基苯酚。邻硝基苯酚、对硝基苯酚总收率为 36%～40%。

三口烧瓶中的残液加入 10 mL 1% 氢氧化钠溶液使产生作用后,再倒入废液缸。

四、思考题

(1)试比较苯、硝基苯、苯酚硝化的难易,并解释其原因。

(2)本实验有哪些可能的副反应,如何减少这些副反应的发生?

(3)水蒸气蒸馏常用于哪几种情况,本实验属于其中哪种情况?

实 验 指 导

一、预习要求

(1)复习苯环亲电取代反应的原理和定位规律。

(2)熟悉水蒸气蒸馏、重结晶的基本操作。

二、实验说明

(1)主要原料和产物的物理性质如表 2-18 所示。

表 2-18 主要原料和产物的物理性质

名　称	相对分子质量	性　状	熔点/℃	沸点/℃	相对密度	溶　解　性
苯酚	94.11	无色针状晶体	42	181.8	1.071	1 g 溶于 15 mL 水或 12 mL 苯,易溶于乙醇、氯仿、乙醚
苯	78.11	无色透明液体	5.5	80.1	0.8787	与乙醇、乙醚、丙酮等混溶
浓硝酸	63.01	无色透明液体	−42	86	1.5027	与水混溶
邻硝基苯酚	139.11	浅黄色针状晶体	44～45	214～216	1.495	易溶于热水、乙醇、乙醚等,微溶于冷水
对硝基苯酚	139.11	无色至浅黄色晶体	113.4	279(分解)	1.481	易溶于乙醇、氯仿、乙醚等,略溶于冷水

（2）苯酚的硝化是放热反应，应严格控制滴加浓硝酸的速度和反应温度。若反应温度过高，将增加副产物的生成，例如硝基酚可继续硝化或氧化，降低收率。

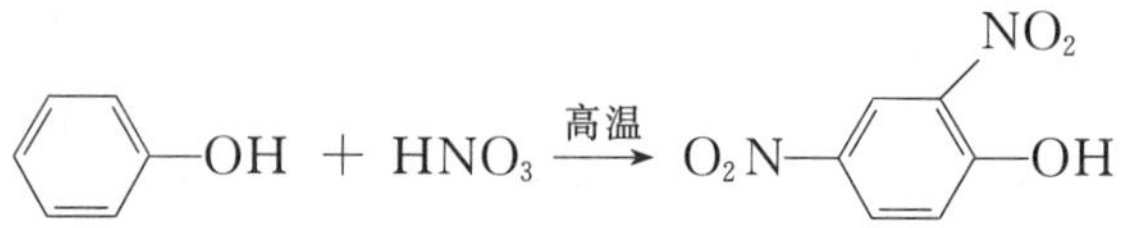

$$\text{C}_6\text{H}_5\text{—OH} + \text{HNO}_3 \xrightarrow{\text{高温}} \text{O}_2\text{N}\text{—C}_6\text{H}_3(\text{NO}_2)\text{—OH}$$

反应温度过低，对硝基苯酚收率会较高。

（3）反应过程中不断振摇锥形瓶，振摇应较剧烈，使酚与酸充分接触，保证反应完全；同时也可防止反应容器内出现局部过热现象。

（4）2%稀盐酸重结晶对硝基苯酚时，注意判断是否完全溶解，完全溶解时，液体中常见少量油珠。

（5）依据蒸馏弯管处颜色变化可判别苯是否完全蒸完，当蒸馏弯管处呈现深黄色油珠状时即表明苯已蒸完，可立即调换接收器。如接收过早，大量苯溶剂的存在，会影响邻硝基苯酚的析出，造成实验失败；接收过迟，对邻硝基苯酚的收率造成直接影响。

（6）水蒸气蒸馏邻硝基苯酚时，往往由于邻硝基苯酚的晶体析出而堵塞冷凝管。可通过调节冷凝水的流速甚至放出冷凝水加以解决。

（7）停止水蒸气蒸馏时，应先打开止水夹连通大气，再移开热源，避免发生倒吸现象。

（8）副产物主要为 2,4-二硝基苯酚，因其毒性很大，且能渗入皮肤为人体所吸收，处理残液时必须加入 1%氢氧化钠溶液。

三、安全事项

（1）苯酚对皮肤有较强的腐蚀性，取用时要注意。如不慎弄到皮肤上，应立即用肥皂水和水冲洗，再用少许乙醇擦洗。

（2）反应生成有毒化合物，操作必须小心。

（3）注意水蒸气蒸馏的有关安全问题。

实验 21　双酚 A 的制备

一、实验目的

（1）学习双酚 A 的制备原理和方法。
（2）练习回流、重结晶、过滤等操作。

二、实验原理

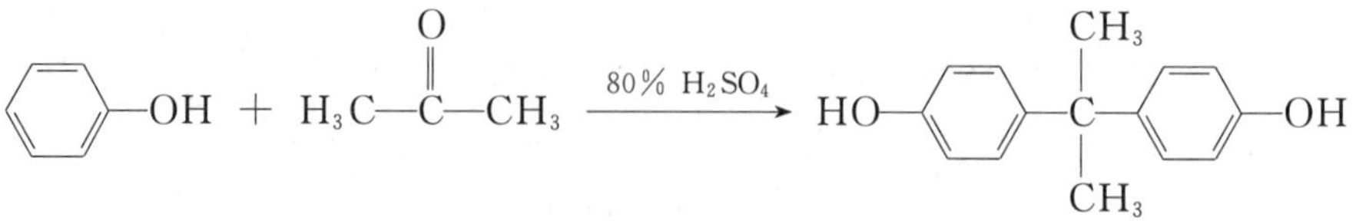

$$\text{C}_6\text{H}_5\text{—OH} + \text{H}_3\text{C—CO—CH}_3 \xrightarrow{80\% \text{ H}_2\text{SO}_4} \text{HO—C}_6\text{H}_4\text{—C(CH}_3)_2\text{—C}_6\text{H}_4\text{—OH}$$

三、实验步骤

在 100 mL 三口烧瓶中加入 1 g Na₂S₂O₃·5H₂O,加热熔化,再加入 0.4 g 一氯乙酸,混合均匀后再依次加入 10 g 苯酚、17 mL 甲苯,搅拌下将 7 mL 80% 硫酸缓慢加入,装上冷凝管,在烧瓶的另一口装上温度计,以便控制反应温度。从冷凝管上口滴加 4 mL 丙酮,注意控制反应温度不超过 35 ℃。然后在水浴上保持反应温度 40 ℃,并搅拌约 2 h。把产物倒入盛有 50 mL 冷水的锥形瓶中,静置。完全冷却后,减压过滤,并用冷水将固体产物洗涤到滤液不显酸性,抽干即得粗产品,粗产品干燥后可用甲苯重结晶。纯双酚 A 是白色针状晶体,熔点为 155~156 ℃。

四、思考题

(1)如何用 98% 浓硫酸配制 20 mL 80% 硫酸?

(2)苯酚和丙酮的物质的量之比为 2:1 时在硫酸催化下进行缩合反应,可能生成哪几种产物?

实 验 指 导

一、预习要求

(1)了解双酚 A 制备的原理。

(2)了解回流、搅拌、过滤、重结晶等实验操作。

二、实验说明

(1)主要原料和产物的物理性质如表 2-19 所示。

表 2-19　主要原料和产物的物理性质

名称	相对分子质量	熔点/℃	沸点/℃	折光率	相对密度	溶　解　性
苯酚	94.11	42	181.8	1.5425(4 ℃)	1.071	溶于水、乙醇、氯仿、乙醚、甘油和二硫化碳,不溶于石油醚
丙酮	58.05	−95.4	56.2	1.3588(20 ℃)	0.7899	与水、乙醇、乙醚或苯混溶
双酚 A	228.29	155~156	220 (533.3 Pa)	—	1.195	难溶于水,能溶于醇、乙酸、醚和苯

(2)硫代硫酸钠与一氯乙酸反应,生成该反应的助催化剂。

(3)苯酚过量以减少副反应,甲苯在此作为分散剂,防止反应生成物结块。

(4)硫酸需配制成 78%~80% 溶液,浓度太大会使苯酚氧化,浓度太小催化效果不好。

(5)可以先用 10% NaHCO₃ 溶液洗涤,以免洗涤用水过多。

三、安全事项

一氯乙酸、苯酚对皮肤有一定的腐蚀性,甲苯有毒,浓硫酸有氧化性、腐蚀性,实验中要注意安全,保持通风。

实验 22 苯乙酮的制备

一、实验目的

(1)学习苯乙酮的制备原理和方法。

(2)掌握电动搅拌器的操作。巩固萃取、液体干燥和蒸馏的操作技术。

二、实验原理

以芳香烃和酰卤(或酸酐)为原料经 Friedel-Crafts 酰基化反应是制备芳酮最重要的方法。苯乙酮可通过苯和醋酸酐反应制得,反应式如下:

$$\text{苯} + (CH_3CO)_2O \xrightarrow{\text{无水 } AlCl_3} \text{苯}-C(CH_3)=O \cdot AlCl_3 + CH_3COOAlCl_2 + HCl \uparrow$$
(棕黄色)

$$\text{苯}-C(CH_3)=O \cdot AlCl_3 + H_2O \xrightarrow{H^+} \text{苯}-C(CH_3)=O + HCl \uparrow + Al(OH)Cl_2 \downarrow$$
(白色)

$$CH_3COOAlCl_2 + H_2O \longrightarrow CH_3COOH + Al(OH)Cl_2 \downarrow$$
(白色)

$$Al(OH)Cl_2 + HCl \longrightarrow AlCl_3 + H_2O \quad \text{(白色沉淀溶解)}$$

实验中苯还用作溶剂,三氯化铝既作催化剂,又作络合剂,故两者均是过量的。

三、实验步骤

1. 方法一

在 250 mL 三口烧瓶中,分别安装电动搅拌器、滴液漏斗和回流冷凝管。冷凝管上端通过氯化钙干燥管和气体吸收装置相连。

迅速称取 32 g 经研碎的无水三氯化铝和量取 40 mL 苯,放于三口烧瓶中。启动搅拌器,由滴液漏斗滴加 9.5 mL(约 10.2 g,0.1 mol)醋酸酐和 10 mL 苯的混合液,约需 20 min 滴完。加料完毕后,在 60 ℃ 以下水浴加热 30 min,至三氯化铝全部溶解为止,此时应无氯化氢气体逸出。

将三口烧瓶浸于冰水浴中,在搅拌下慢慢滴加 140 mL 冷却的稀盐酸(体积比为 1∶1)。当瓶内固体物质完全溶解后,分出苯层。水层每次用 20 mL 苯萃取 2 次。合并苯层,依次用 5% 氢氧化钠溶液、水各 20 mL 洗涤,用无水硫酸镁干燥 30 min。

干燥后的粗产物滤入 100 mL 蒸馏瓶中,水浴上蒸去苯后,继续在石棉网上蒸馏,收集 198～202 ℃ 的馏分。产量为 8～10 g,收率为 66%～83%。苯乙酮为无色液体,n_D^{20} 为 1.5372。

2. 方法二

在装有回流冷凝管和滴液漏斗的 100 mL 三口烧瓶中,加入 25 mL 苯和 20 g 无水三氯化铝,冷凝管的上口接氯化钙干燥管,干燥管再与氯化氢吸收系统连接。慢慢滴加 6 mL 醋酸酐,开始可先滴几滴,待反应发生后再继续滴加。此反应为放热反应,应控制滴加速度,勿使反应过于剧烈,以三口烧瓶稍热为宜,边滴加醋酸酐边振荡三口烧瓶,15～20 min 滴加完毕。待反应缓和以后,再用水浴加热回流,以使反应完全,直至不再有氯化氢气体产生为止(约需 30 min)。将反应液冷却至室温,在搅拌下倒入盛有 50 mL 浓盐酸和 50 g 碎冰的烧杯中进行水解(须在通风橱或室外进行)。若水解后有固体不溶物(氢氧化铝),可加少量盐酸使之溶解。把混合液转入分液漏斗中分出有机相,水相用 50 mL 乙醚分 2 次提取,合并有机相,依次用等体积的 5%氢氧化钠溶液和水各洗涤 1 次,经无水硫酸钠干燥,过滤。滤液先在水浴上蒸出乙醚和过量的苯,然后在石棉网上加热,继续蒸馏到 90～100 ℃停止蒸馏,将直形冷凝管换成空气冷凝管,继续蒸馏,收集 198～202 ℃的馏分,产物为无色透明液体,产量为 4～5 g。

产物也可用减压蒸馏。苯乙酮的沸点与压力的关系如表 2-20 所示。

表 2-20　苯乙酮的沸点与压力的关系

压力/kPa	26.66	20	13	8	6.67	5.33	4	3.33	1.60
压力/mmHg	200	150	100	60	50	40	30	25	12
沸点/℃	155	146	134	120	115	110	102	98	88

四、思考题

(1)反应完成后为什么要加入冷却的稀盐酸?

(2)反应中为什么要用过量的苯和三氯化铝?

(3)如何用 Friedel-Crafts 反应制备二苯甲烷、苄基苯基酮、对硝基二苯酮?

实 验 指 导

一、预习要求

(1)了解 Friedel-Crafts 酰基化反应的原理和实验方法。

(2)复习萃取、液体干燥和蒸馏等基本操作技术内容。

二、实验说明

(1)主要原料和产物的物理性质如表 2-21 所示。

(2)电动搅拌器的安装和使用参见实验18。

表 2-21 主要原料和产物的物理性质

名 称	相对分子质量	性 状	熔点/℃	沸点/℃	相对密度	溶 解 性
三氯化铝	133.35	无色颗粒	194(250 kPa)	—	2.398	1 g 溶于 0.9 mL 水或 4 mL乙醇
苯	78.11	无色透明液体	5.5	80.1	0.8787	与乙醇、乙醚、丙酮等混溶
醋酸酐	102.09	无色透明液体	−73	139.6	1.082	溶于氯仿、乙醚
苯乙酮	120.15	无色透明液体	19.7	202.3	1.0281	易溶于乙醇、氯仿、乙醚，微溶于水

(3)三氯化铝的质量好坏是实验成败的关键。三氯化铝极易吸潮变成黄色,影响实验的进行。因此,应取用白色小颗粒或粉末状的三氯化铝,称取、研磨速度要快,且尽可能研碎。另外,实验所用药品应无水,仪器应充分干燥。苯可经无水氯化钙或金属钠干燥处理,醋酸酐应在临用前重新蒸馏,取 137～140 ℃的馏分使用。

(4)苯与醋酸酐反应是放热反应,应控制滴加醋酸酐和苯混合液的速度。若滴加速度过快,导致反应过于剧烈,急剧产生氯化氢气体,将内容物冲出反应器。

(5)要控制水浴加热温度,保证水浴加热时间,否则因反应副产物增多或反应不完全影响产物的收率,反应何时结束应根据三氯化铝的溶解情况判断。

(6)冷却的稀盐酸可用 70 mL 浓盐酸与 70 mL 冰水混合配制。刚开始滴加冷却的稀盐酸时,反应放出大量的热,并伴随有大量氯化氢气体产生,应严格控制滴加速度。随着冷却的稀盐酸滴加量的增加,瓶内有大量白色固体生成,阻碍电动搅拌器的转动,易造成搅拌棒与电机连接处橡胶管断裂、脱落。可用手旋动搅拌棒协助转动,同时适当加快滴加速度,直至搅拌棒转动不受阻滞为止。

(7)为了防止气体吸收装置的倒吸,反应中应注意气体吸收装置中漏斗的正确位置,漏斗应斜放,一半浸在液体中,一半留在空气中。

(8)苯乙酮的沸点是 202.3 ℃,因此,蒸馏苯乙酮时应用空气冷凝管。

三、安全事项

(1)三氯化铝易潮解,对皮肤有较强的刺激性,称量和研磨时最好戴上橡胶手套。如果皮肤不慎接触,先用布擦后,再用大量水冲洗。

(2)取用有毒试剂苯时应在通风橱内进行,水浴蒸去苯时应注意蒸馏装置的各个接口的连接情况,防止着火。

实验 23 辛烯醛的制备

一、实验目的

(1)学习醇醛缩合制备辛烯醛的原理和方法。

(2)复习滴液漏斗使用、有机物干燥和减压蒸馏等操作。

二、实验原理

具有 α-活泼氢的醛、酮化合物在碱的作用下,发生醇醛缩合反应,常用的碱有氢氧化钠、氢氧化钙、氢氧化钾、氢氧化钡等。

正丁醛在碱催化下进行醇醛缩合,生成 2-乙基-3-羟基己醛,此化合物在反应条件下会脱水生成 2-乙基-2-己烯醛,一般称为辛烯醛。其反应过程如下:

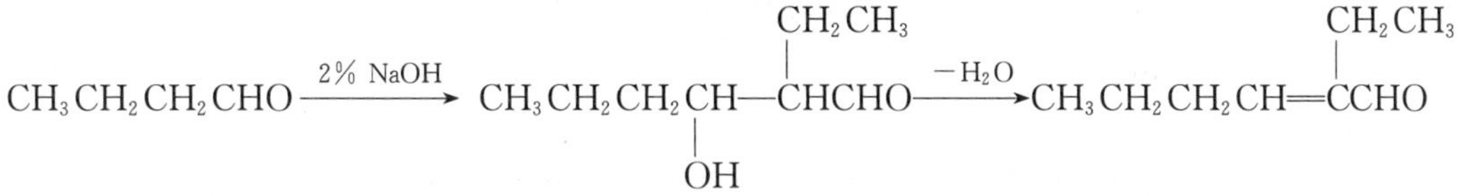

$$CH_3CH_2CH_2CHO \xrightarrow{2\% \ NaOH} CH_3CH_2CH_2CH \overset{\overset{\displaystyle CH_2CH_3}{|}}{-} CHCHO \xrightarrow{-H_2O} CH_3CH_2CH_2CH{=}\overset{\overset{\displaystyle CH_2CH_3}{|}}{C}CHO$$
$$\hspace{6.5cm}\underset{\underset{\displaystyle OH}{|}}{}$$

三、实验步骤

在装有搅拌器、温度计、回流冷凝管和滴液漏斗的 50 mL 三口烧瓶中,加入 6.5 mL 2% 氢氧化钠溶液。充分搅拌下,从滴液漏斗不断滴加 5 g 正丁醛,同时使反应瓶内的温度保持在 78~82 ℃(水浴加热)。滴加正丁醛的速度不宜太快,一般控制在 30 min 左右滴完。正丁醛滴加完毕后,反应液变为浅黄色或橙色,继续在 78~82 ℃ 搅拌 1 h,使反应完全。将反应液倒入分液漏斗中,分去碱液,产品用水洗至中性,一般洗涤 3 次,每次用 5 mL 水。将洗过的产品倒入一干净、干燥的锥形瓶中,塞好塞子,放置片刻,少量的水和絮状物沉入瓶底,产品变成清亮的溶液,否则加入适量的无水硫酸钠干燥。减压蒸馏,收集 60~70 ℃/1.33~4 kPa 的馏分,产品为无色或略带浅黄色的带腥味的液体,产量约 3~3.5 g。纯的辛烯醛是无色液体,沸点为 177 ℃(略有分解),相对密度为 0.848。

四、思考题

(1)本实验中,氢氧化钠的作用是什么?

(2)试写出过量甲醛在碱的作用下,分别与乙醛和丙醛反应的最终产物。

实 验 指 导

一、预习要求

(1)了解醇醛缩合制备 α,β-不饱和醛的原理和方法。

(2)复习搅拌、回流、滴液及减压蒸馏等基本操作。

二、实验说明

(1)主要原料和产物的物理性质如表 2-22 所示。

表 2-22　主要原料和产物的物理性质

名　称	相对分子质量	性　状	沸点/℃	相对密度	折光率(20 ℃)	溶　解　性		
						水	乙醇	乙醚
正丁醛	72.11	无色液体	75.7	0.817	1.3843	微溶	溶	溶
辛烯醛	126.2	无色液体	177	0.848	1.4456	微溶	溶	溶

(2)醇醛缩合使用稀碱催化,如使用浓碱则使副反应增加。

(3)醇醛是一分子醛的 α-碳与另一分子的醛基反应生成醇醛,该产物不稳定,加热时脱水得到 α,β-不饱和醛。

(4)反应是放热反应,滴加正丁醛的速度不宜太快。瓶塞穿孔搅拌处要注意密封,防止正丁醛挥发(正丁醛的沸点为 75 ℃),反应温度最高不超过 90 ℃。

(5)由于烯醛的不稳定性,蒸馏辛烯醛时要求减压,以免高温时发生分解、聚合等副反应。

三、安全事项

辛烯醛是不饱和醛,容易引起过敏现象,处理产品时要注意。

实验 24　环戊酮的制备

一、实验目的

(1)学习二元羧酸脱羧制备环戊酮的原理和方法。
(2)掌握蒸馏和液体有机物干燥的操作。

二、实验原理

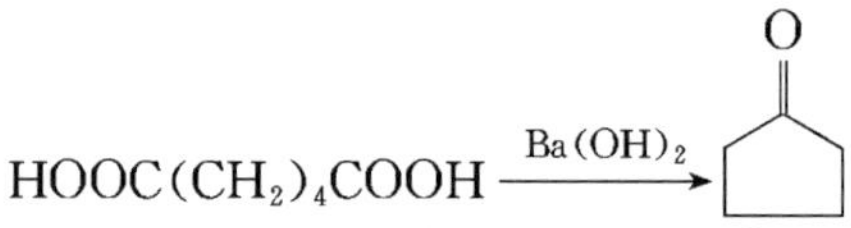

$$HOOC(CH_2)_4COOH \xrightarrow{Ba(OH)_2} \text{环戊酮}$$

三、实验步骤

将 10 g 粉状己二酸与 0.5 g 研细的氢氧化钡晶体均匀混合后,加入 100 mL 的圆底烧瓶中,装好蒸馏装置,并插一支 300 ℃的温度计,温度计水银球末端离瓶底约 5 mm。慢慢加热反应物,于 1.5 h 内达到 285～295 ℃。保持此温度(环戊酮缓缓馏出)直到烧瓶中仅留有少量的干燥残渣为止,需 1～2 h。收集馏出物并用氯化钙盐析,将环戊酮从馏出物中分离出来,先用少量 10%碳酸钠溶液洗去己二酸,再水洗。有机层经无水氯化钙干燥后,进行蒸馏,收集 128～131 ℃的馏分,产量约 3～4 g。

四、思考题

(1)从环己酮制备环戊酮用什么方法？

(2)烧瓶中的残渣是什么？

------ **实 验 指 导** ------

一、预习要求

(1)了解二元羧酸受热脱羧的反应。

(2)学习蒸馏和液体有机物干燥的实验操作。

二、实验说明

(1)主要原料和产物的物理性质如表 2-23 所示。

表 2-23　主要原料和产物的物理性质

名称	相对分子质量	熔点/℃	沸点/℃	折光率(20 ℃)	相对密度	溶　　解　　性
己二酸	146.14	152	330.5(分解)	—	1.366	易溶于热水、甲醇、乙醇,能溶于丙酮,微溶于环己烷,几乎不溶于苯和石油醚
环戊酮	84.11	−58.2	130.6	1.4366	$0.9509^{18/4}$	微溶于水,能与醇、醚和烃类混溶

(2)可以将己二酸与氢氧化钡晶体一起研磨。

(3)压力为 1.33 kPa 时己二酸的沸点为 256 ℃,若温度超过 300 ℃,有己二酸被蒸馏出来。

(4)瓶中残渣不易洗掉,可以加入几粒氢氧化钠和几毫升乙醇,放置一夜后洗涤。

三、安全事项

环戊酮易燃,实验中注意预防火灾事故。

实验 25　呋喃甲酸和呋喃甲醇的制备

一、实验目的

(1)了解在强碱性条件下,不含 α-活泼氢的醛进行歧化反应。

(2)学习利用歧化反应制备呋喃甲醇和呋喃甲酸。

二、实验原理

在强碱性条件下,不含 α-活泼氢的醛进行自身的氧化还原反应,一分子醛被氧化成酸,另

一分子醛被还原成醇。例如,呋喃甲醛在强碱性条件下的反应式为

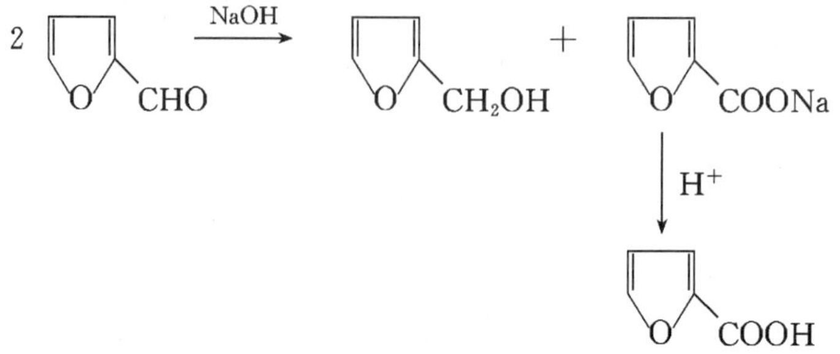

三、实验步骤

在 100 mL 烧杯中,放置 8.2 mL 新蒸馏过的呋喃甲醛(糠醛),烧杯浸于冰浴中冷却。另取 4 g 氢氧化钠溶于 9 mL 水中,冷却后,在搅拌下,用滴管将氢氧化钠溶液慢慢滴加到呋喃甲醛中,在滴加过程中必须保持反应液温度在 8~12 ℃之间。加完后,仍保持此温度继续搅拌 1 h,反应即可完成,得黄色浆状物。

在搅拌下慢慢加入水(约 9 mL),使沉淀恰好溶解,此时溶液呈暗红色。将溶液倒入分液漏斗内,每次用 8 mL 乙醚,共提取 4 次。合并提取液,用无水碳酸钾干燥,先在水浴上蒸去乙醚,然后在石棉网上加热蒸馏呋喃甲醇,收集 169~172 ℃的馏分,产量为 2.5~3.5 g。

乙醚提取后的水溶液在搅拌下慢慢加入盐酸,恰至 pH 值为 3(约需加入 2.5 mL 盐酸)。冷却,过滤,用适量水洗涤 2~3 次,抽干后收集产品。将产品溶于 10~15 mL 的热水中,加适量活性炭,煮沸 10 min,趁热过滤。滤液冷却后即有结晶析出,过滤,晾干,产量为 4 g,纯品熔点为 133 ℃。

四、思考题

(1)写出苯甲醛、甲醛在浓氢氧化钠溶液中的反应方程式,列出所有产物。

(2)在所给实验条件下,丙醛与氢氧化钠溶液如何进行反应,叔丁基甲醛与氢氧化钠如何进行反应?

(3)怎样利用 Cannizzaro 反应,将呋喃甲醛全部转化为呋喃甲醇?

实 验 指 导

一、预习要求

(1)查阅歧化反应的原理和糠醛的性质。

(2)预习糠醛发生歧化反应的条件和操作。

二、实验说明

(1)主要原料和产物的物理性质如表 2-24 所示。

表 2-24 主要原料和产物的物理性质

名称	相对分子质量	熔点/℃	沸点/℃	折光率(20℃)	相对密度	溶 解 性
糠醛	96.09	−38.7	161.7	1.5261	1.1596	微溶于水,溶于乙醇、乙醚、苯、丙酮、四氯化碳
呋喃甲酸	102.08	133	230~232	—	—	不溶于冷水,溶于热水、乙醇和乙醚
呋喃甲醇	98.10	—	171	1.4865	1.1296	溶于水、乙醇和乙醚

(2)糠醛久置易变成深红褐色,且往往含有水,故一般使用前需要重新蒸馏提纯,可收集 54~55 ℃/2.27 kPa 或 69~70 ℃/4.00 kPa 的馏分。新蒸过的糠醛为无色或淡蓝色液体。

(3)反应温度控制在 8~12 ℃,若高于 12 ℃,则反应温度极易升高而难以控制,致使反应物变成深红色,影响收率;若低于 8 ℃,则反应过慢,可能使氢氧化钠积累,可导致反应"暴发"。

(4)在反应过程中,会有较多的呋喃甲酸钠析出,可加水溶解。但加水不宜过多,否则会损失一部分产品。酸化时,酸要加够,保证 pH 值为 3 左右,使呋喃甲酸充分游离出来。此步是影响呋喃甲酸收率的关键。

(5)重结晶呋喃甲酸粗品时,不要长时间加热回流。如果长时间加热回流,部分呋喃甲酸会被破坏,出现焦油状物。

三、安全事项

使用乙醚、活性炭时均要注意安全。

实验 26　肉桂酸的制备

一、实验目的

了解 Perkin 反应的原理,用 Perkin 反应制备肉桂酸。

二、实验原理

芳香醛或芳杂环醛和醋酸酐在碱性催化剂作用下,可以发生缩合反应,生成 α,β-不饱和羧酸,这个反应叫 Perkin 反应。例如,苯甲醛和醋酸酐在无水醋酸钾(钠)存在下发生 Perkin 反应,生成肉桂酸。

反应过程可表示如下:

$$(CH_3CO)_2O + CH_3COOK \rightleftharpoons [\bar{C}H_2-COCOCH_3 \leftrightarrow CH_2=COCOCH_3]$$

$$\xrightarrow[\text{亲核加成}]{C_6H_5CHO} \quad \rightleftharpoons \quad \xrightarrow[\text{酰基交换}]{(CH_3CO)_2O}$$

$$\xrightarrow{CH_3COOK} \quad C_6H_5CH=CHC-O-CCH_3 \xrightarrow{H_2O} C_6H_5CH=CHCOOH$$

反应首先是醋酸酐在醋酸钾的作用下,生成醋酸酐的碳负离子,然后碳负离子和芳香醛进行亲核加成反应,经一系列中间体后,产生 α,β-不饱和酸酐,再经水解得肉桂酸。肉桂酸在一般情况下以反式存在。

下面列出了分别用醋酸钾和碳酸钾作催化剂的三种合成方法。

三、实验步骤

1. 方法一

在 50 mL 圆底烧瓶中,加入 1.5 g 无水醋酸钾、3.8 mL 醋酸酐、2.5 mL 苯甲醛和几粒沸石,装上回流冷凝管,用电热套加热回流 1.5～2 h。回流完毕后,趁热将反应液倒入 250 mL 圆底烧瓶中,并用少量热水冲洗反应瓶 3～4 次,以使反应液全部转移到圆底烧瓶中。然后缓慢加入适量的固体碳酸钠(2.5～4 g),溶液呈碱性,进行水蒸气蒸馏,直至馏出液无油珠后即可停止水蒸气蒸馏。

在上述的 250 mL 圆底烧瓶中,加入少量活性炭,装上回流冷凝管,加热回流 5～10 min。趁热过滤,将滤液转移到锥形瓶中,冷却至室温,在搅拌下往滤液中缓慢滴加浓盐酸至溶液呈酸性(pH 值约为 5)。用冰水冷却,待结晶完全后,过滤收集晶体,并以少量冷水洗涤晶体,干燥、称重。产品约 4 g。

粗产品用热水或用 70%乙醇进行重结晶,熔点为 131.5～132 ℃。

2. 方法二

在 250 mL 圆底烧瓶中,加入 2.5 mL 新蒸馏过的苯甲醛、7 mL 醋酸酐和 3.5 g 无水碳酸钾。在 170～180 ℃的油浴中,将此混合物回流 45 min。由于逸出二氧化碳,最初有泡沫出现。

冷却反应混合物,加入 20 mL 水,浸泡几分钟,用玻璃棒轻轻压碎瓶中的固体,并用水蒸气蒸馏,从混合物中蒸除未反应的苯甲醛(可能有些焦油状聚合物)。再将烧瓶冷却,加入 20 mL 10%氢氧化钠水溶液,使所有的肉桂酸形成钠盐而溶解。加 45 mL 水,将混合物加热,活性炭脱色,趁热过滤,将滤液冷至室温以下。配制浓盐酸和水 1∶1 的混合液,在搅拌下,将此混合液加到肉桂酸盐溶液中至溶液呈酸性(pH 值约为 5)。用冷水冷却,待结晶完全,过滤,干燥并称重。粗产品可用热水重结晶。

3. 方法三

在 250 mL 两口圆底烧瓶中,加入 2.5 mL 新蒸馏过的苯甲醛、7.0 mL 醋酸酐和 3.5 g 无水碳酸钾。烧瓶一口连接冷凝管,另一口连接温度计。反应液用电热套加热至 150~170 ℃,混合物回流反应 45 min。由于溢出二氧化碳,反应最初有泡沫出现。

冷却反应混合物,加入 100 mL 水,浸泡几分钟,用玻璃棒轻轻压碎瓶中的固体。安装常压蒸馏装置,加热混合物,温度不超过 120 ℃,将烧瓶中液体缓慢蒸出,流出液用锥形瓶收集,观察流出液是否为油水混合物,直至蒸出液体不含油状物,则停止蒸馏(一般需蒸出约 70 mL 水,瓶中残留液体 30 mL 左右)。将烧瓶冷却,加入 20 mL 10% 氢氧化钠水溶液,使所有的肉桂酸形成钠盐溶解。将混合物加热,活性炭脱色,趁热过滤,冷却滤液至室温以下。配置浓盐酸和水 1:1 的混合液,搅拌下将此混合液加到肉桂酸盐溶液中至溶液呈弱酸性(pH≈5)。用冷水冷却,待结晶完全,过滤,干燥并称重。粗产品可用 30% 乙醇重结晶。

四、思考题

(1)在制备中,回流完毕后,加入固体碳酸钠,使溶液呈碱性,此时溶液中有几种化合物? 各以什么形式存在? 写出它们的分子式。

(2)苯甲醛和丙酸酐在无水丙酸钾的存在下,相互作用后得到什么产品?

实 验 指 导

一、预习要求

(1)了解 Perkin 反应的原理和肉桂酸的制备方法。

(2)查阅苯甲醛、醋酸酐、肉桂酸等物质的有关物理性质。

二、实验说明

(1)主要反应物和产物的物理性质如表 2-25 所示。

表 2-25　主要反应物和产物的物理性质

名　　称	相对分子质量	熔点/℃	沸点/℃	折光率(20 ℃)	相对密度(20/4)	溶　解　性
醋酸酐	102.09	−73	139.6	1.3901	1.0820	微溶于冷水,溶于氯仿、乙醚
苯甲醛	106.12	−26	179.1	1.5463	1.046	难溶于水,溶于乙醇、乙醚
反式肉桂酸	148.16	133	300	—	1.2475(4/4 ℃)	易溶于乙醚、苯、丙酮

(2)本实验如果把羧酸钾(钠)盐改为碳酸钾或三级胺,反应也能顺利进行。如在肉桂酸合成中,用碳酸钾代替醋酸钾,反应进行的周期要短得多。催化剂究竟是什么还不清楚,但不能肯定是碳酸钾。因为反应开始时总有微量水存在,反应第一步可能包括酸酐的水解,随之与碳

酸钾生成羧酸钾盐,而羧酸钾盐催化这个反应已是众所周知的。

（3）无水醋酸钾需新鲜熔焙,方法是将含水醋酸钾放入蒸发皿中加热,盐首先在自己的结晶水中熔化,水分蒸发后又结成固体,再猛烈加热使其熔融,不断搅拌,趁热倒在金属板上,冷却后研碎,放在干燥器中待用。

（4）苯甲醛必须是新蒸馏过的。因为苯甲醛久置后容易自动氧化生成苯甲酸,既影响反应的进行,又影响产品质量。醋酸酐久置也会因吸潮和水解转变为醋酸,故宜在实验前重新蒸馏。

三、安全事项

醋酸酐有强烈的刺激性和腐蚀性,要防止吸入,避免直接接触。

实验 27　己二酸的制备

一、实验目的

学习用环己醇氧化制备己二酸的原理和方法,掌握浓缩、过滤、重结晶等操作技术。

二、实验原理

以环己醇为原料氧化制备己二酸,常用的氧化剂是浓硝酸和高锰酸钾(酸性或碱性)。本实验是以高锰酸钾为氧化剂,在碱性条件下进行氧化,其反应式为

$$3C_6H_{11}OH + 8KMnO_4 \longrightarrow 3^-OOC(CH_2)_4COO^- + 8MnO_2 + 8K^+ + 2OH^- + 5H_2O$$
$$\xrightarrow[]{H^+} 3HOOC(CH_2)_4COOH$$

三、实验步骤

准备实验仪器,包括磁力搅拌器、磁子、烧杯、抽滤装置、温度计、玻璃棒、滴管。

向装有磁子的 250 mL 中加入 50 mL 0.3 mol/L NaOH 溶液,将烧杯置于磁力搅拌器上,温度计水银球置于反应液中,随时监控反应的温度。搅拌下加入 6 g KMnO$_4$,使其全部溶解,然后用滴管缓慢滴加 2.1 mL 环己醇,注意滴加速度,以维持反应温度在 43～47 ℃。当环己醇滴加完毕,且反应温度降至约 43 ℃时,用沸水浴加热,继续反应 15 min,此时观察到烧瓶中有大量棕色二氧化锰沉淀。在一张平整的滤纸上点一小滴混合物以试验反应是否完成。如果观察到试剂的紫色存在,可以用少量固体亚硫酸氢钠除去残留的高锰酸钾。

将反应混合物趁热抽滤,滤渣可用少量 10% 碳酸钠溶液洗涤,将滤液倒入烧杯,冷却,在搅拌下滴加浓盐酸,至溶液呈强酸性,小心地加热使溶液的体积减少到 10 mL 左右,冷却,己二酸沉淀析出,抽滤,晾干。

为得到纯净的己二酸,可用水进行重结晶,抽滤,烘干称量并计算收率。

测定重结晶产品的熔点。

四、思考题

(1)做本实验时,为什么必须严格控制滴加环己醇的速度和反应物的温度?

(2)在有机制备中为什么常使用搅拌器? 在什么情况下,搅拌装置采用封闭器,而有时可以省去?

---------------------------------- 实 验 指 导 ----------------------------------

一、预习要求

(1)了解用氧化还原反应制备己二酸的原理和方法。

(2)复习重结晶操作部分。

二、实验说明

(1)主要反应物和产物的物理性质如表 2-26 所示。

表 2-26　主要反应物和产物的物理性质

名称	相对分子质量	性状	熔点/℃	相对密度	折光率 (20 ℃)	溶　解　性		
						水/(g/100g)	乙醇	乙醚
环己醇	100.16	无色黏状液体	25.2	$0.9624^{20/4}$	1.4641	5.67^{15}	溶	溶
己二酸	146.14	白色棱状固体	152	$1.366^{20/4}$	—	1.4^{15} 100^{100}	溶	溶

(2)环己醇与高锰酸钾反应是放热反应,应该控制环己醇的滴加速度和反应温度。若环己醇滴加速度过快,反应温度太高,可能会使反应过于剧烈,难以控制,使内容物冲出反应器;温度过低,易积累原料,一旦反应,会造成失控。

(3)环己醇与高锰酸钾反应结束后的混合物中含有大量的二氧化锰沉淀,其中夹杂己二酸钾盐,所以抽滤后的滤渣必须用碳酸钠溶液洗涤。

(4)对浓缩反应结束后的溶液,宜掌握好其体积。若浓缩液过多,因水溶解而损失;若浓缩液过少,部分无机盐析出,夹杂在产物中,影响产物的质量或后续处理。

(5)重结晶时,水溶液的用量可以根据其溶解度计算。己二酸在 100 g 水中的溶解度如表 2-27 所示。

表 2-27　己二酸在水中的溶解度

温度/℃	0	15	20	25	34.1	40	50	87.1	100
溶解度/(g/100 g)	0.3	1.4	1.5	2.5	3.1	5.2	8.5	94.8	100

(6)实验完毕后,用过的仪器、玻璃器皿若不能用水洗净,可用稀草酸洗涤,再用水冲洗干净。

三、安全事项

注意用电安全,使用搅拌器时应先检查是否有漏电现象。

实验 28　邻氨基苯甲酸的制备

一、实验目的

(1)了解 Hofmann 降解的原理和邻氨基苯甲酸的制备方法。

(2)练习回流、冰盐浴、过滤、重结晶、干燥等操作。

二、实验原理

用邻苯二甲酰亚胺进行 Hofmann 降解反应是制备邻氨基苯甲酸较好的方法。溴的用量和反应温度是影响反应收率和产品纯度的主要因素。反应放热会使反应混合物的温度升高,可能引起酰胺水解和次溴酸钠分解等副反应,所以要通过冷却控制温度。另外,可以把反应物之一逐渐地加入另一反应物中,使反应不至于进行得太剧烈。

反应式为

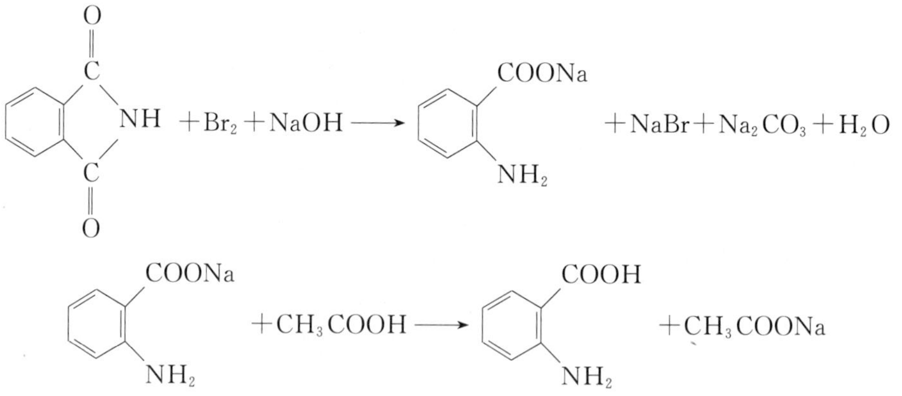

三、实验步骤

1. 邻苯二甲酰亚胺的制备

在 125 mL 二口烧瓶中,放入 10 g 邻苯二甲酸酐和 10 mL 浓氨水,装上空气冷凝管和一支 360 ℃温度计。先在石棉网上加热,然后用小火直接加热,温度逐渐升到 300 ℃,间歇摇动烧瓶。用玻璃棒将升华进入冷凝管的固体物质推入烧瓶中。趁热把反应物倒入搪瓷盘中。冷却后凝成的固体放在研钵中研成粉末。产量约 8 g。熔点为 232～234 ℃。

2. 邻氨基苯甲酸的制备

在 125 mL 锥形瓶中,用 7.5 g 氢氧化钠和 30 mL 水配制成碱液。将此锥形瓶放入冰水中,冷却至 0～5 ℃。往碱液中一次加入 2.3 mL 溴,振荡锥形瓶,使溴全部反应,此时温度略有升高。将制成的次溴酸钠溶液在冰盐浴中冷却到 0 ℃以下,放置备用。在另一小锥形瓶中,用 5.5 g 氢氧化钠和 20 mL 水配制另一碱液。

取 6 g 研细的邻苯二甲酰亚胺,加入少量水调成糊状物,一次全部加到冷的次溴酸钠溶液中,剧烈振荡锥形瓶,反应混合物保持在 0 ℃左右。从冰盐浴中取出锥形瓶,再剧烈摇动锥形瓶直到反应物转变为黄色澄清液。把制好的氢氧化钠溶液全部迅速加入,反应温度自行升高。控制反应温度,在 15～20 min 内逐渐升温到 20～25 ℃(注意在 18 ℃左右往往有温度的突变)。在该温度下保持约 10 min,再升温到 25～30 ℃反应 30 min。此时邻苯二甲酰亚胺一般可完全溶解(在整个操作过程中应不断旋动)。把反应物在水浴上加热到 80 ℃约 2 min。加入 2 mL 饱和亚硫酸氢钠溶液。冷却,减压过滤。把滤液倒入 250 mL 烧杯中,放在冰水浴中冷却。在不断搅拌下小心地滴加浓盐酸,使溶液呈中性(约需 15 mL 盐酸),用石蕊试纸检验。然后再慢慢地滴加 5～7 mL 冰醋酸,使邻氨基苯甲酸完全析出。减压过滤,用少量冷水洗涤,抽滤干后放入烘箱中在 120 ℃以下烘干。产量约 4 g。灰白色粗产物用水进行重结晶,可得白色片状晶体,纯品熔点为 145 ℃。

四、思考题

(1)如果溴和氢氧化钠的用量不足或有较大的过量,对反应有何影响?

(2)本实验的关键是什么?

(3)邻氨基苯甲酸的碱性溶液,加盐酸使之恰呈中性后,为什么不再加盐酸而是加适量乙酸使其完全析出?

------ 实 验 指 导 ------

一、预习要求

(1)了解 Hofmann 降解相关的原理。

(2)学习回流、冰盐浴冷却、过滤、重结晶、固体物干燥等操作。

二、实验说明

(1)主要原料和产物的物理性质如表 2-28 所示。

表 2-28　主要原料和产物的物理性质

名　称	相对分子质量	熔点/℃	沸点/℃	相对密度	溶　解　性
邻苯二甲酸酐	148.12	130.8	295(升华)	1.527	易溶于热水,能溶于醇,微溶于冷水,难溶于二硫化碳和醚
邻苯二甲酰亚胺	147.13	238	—	—	能溶于碱性水溶液和沸腾的乙酸,微溶于水,几乎不溶于苯和石油醚
邻氨基苯甲酸	137.13	145	—	1.412	易溶于醇、醚、热氯仿和热水,微溶于苯,难溶于冷水

(2)邻苯二甲酸酐氨解中脱水要完全,若在熔融物中仍有糊状物,则需继续加热至较明显升华现象出现,趁热倒入研钵,否则会含邻苯二甲酸等杂质,影响下一步反应,降低产量。

(3)温度高于 0 ℃时,产品颜色加深,收率会大大下降。

(4)加入亚硫酸氢钠溶液可除掉多余的次溴酸钠。

(5)邻氨基苯甲酸既溶于碱,又溶于酸,故过量的盐酸会使产物溶解。若加了过量的酸,则需加氢氧化钠中和。

(6)邻氨基苯甲酸的等电点 pH 值为 3~4,为使邻氨基苯甲酸完全析出,必须加入适量的乙酸。

三、安全事项

(1)溴是具有强烈腐蚀性和刺激性的物质,量取(用吸管)溴时,必须在通风橱内戴上防护手套、眼镜进行操作。若不慎触及皮肤,用酒精淋洗(量少时用水冲洗),再用 1%碳酸氢钠溶液洗,最后用甘油按摩,涂上油膏。

(2)使用浓酸、浓碱时注意安全。

实验 29　生长素 2,4-D 的制备

一、实验目的

学习制备生长素 2,4-D 的原理和方法。

二、实验原理

生长素 2,4-D 的学名为 2,4-二氯苯氧乙酸,是一种植物生长刺激剂,促进作物早熟增产,加速插条生根。它也是一种选择性除莠剂。2,4-D 的制备可用 2,4-二氯苯酚和一氯乙酸为原料在碱的存在下进行,其反应式为

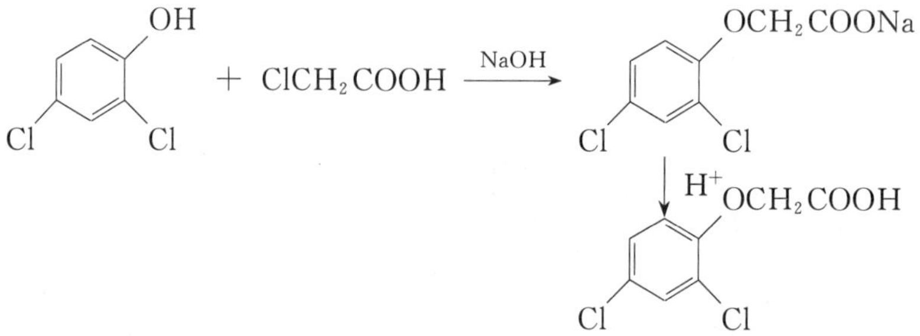

三、实验步骤

称取 2 g 2,4-二氯苯酚,置于蒸发皿内,加入 5 mL20%的氢氧化钠溶液,搅拌至全溶后再继续搅拌 10 min。将 1.3 g 一氯乙酸分 4 批加入上述溶液中(注意须待已加入的一氯乙酸经搅拌至全溶后,方可续加下一部分),避免反应太快。加完一氯乙酸后,向反应体系中加入 10 mL 水,随后将蒸发皿移至石棉网上用小火加热,并不断搅拌至蒸干变白色固体为止。稍冷,加入 50 mL 水溶液,若不溶可加热使之全溶,趁热滴加浓盐酸至刚果红试纸变蓝。此时蒸发皿中有白色固体或油状物析出,冷却,油状物变固体。将固体搅碎,抽滤,在漏斗中水洗 2 次,干燥,得白色或浅黄色固体,产量为1.8~2.5 g,收率为66%~92.5%。

四、思考题

试从苯出发,提出一条合成 2,4-D 的反应路线。

实 验 指 导

一、预习要求

(1)学习酚的结构、性质和反应。

(2)了解一氯乙酸的性质和注意事项。

(3)了解 2,4-D 的其他制备方法。

二、实验说明

(1)制备 2,4-二氯酚钠时,为使反应完全,溶解后再搅拌 10 min,反应溶液 pH 值为 12。

(2)加一氯乙酸时要分批加入,防止反应温度超过 40 ℃,一氯乙酸发生分解,产生羟基乙酸。

(3)加完一氯乙酸后的反应须在 100~110 ℃条件下进行,所以反应过程要加热至沸腾并蒸干。

本实验操作方法简单易行,但若不按照上述说明操作,则所得收率相差悬殊,有时甚至得不到固体产物。

(4)主要反应物和产物的物理性质如表 2-29 所示。

表 2-29　主要反应物和产物的物理性质

名　　称	相对分子质量	熔点/℃	沸点/℃	相对密度	溶　解　性
2,4-二氯苯氧乙酸	221.04	138(工业品) 141(纯品)	—	—	溶于乙醇、乙醚、丙酮,难溶于水
一氯乙酸	94.50	61~63	187.9	$1.58^{20/20}$	溶于水、乙醇、乙醚
2,4-二氯苯酚	163.00	45	210	—	可溶于乙醇、乙醚、四氯化碳,稍溶于水

(5)制备得到的 2,4-D 可以配制成 0.5% 的水溶液(向其中加入碳酸钠以中和游离酸)。加一些洗涤剂作为湿润剂,加入一些尿素(碳酰二胺)作为肥料。该药剂用于苗圃试验药效时,可发现花苗不受伤害,但杂草在 4~5 d 后开始枯萎,几周后将被消灭。

(6)本实验方法可用于制备苯氧乙酸。苯氧乙酸是杀虫剂,也是合成生长素、除草剂和药物的中间体。

其反应式为

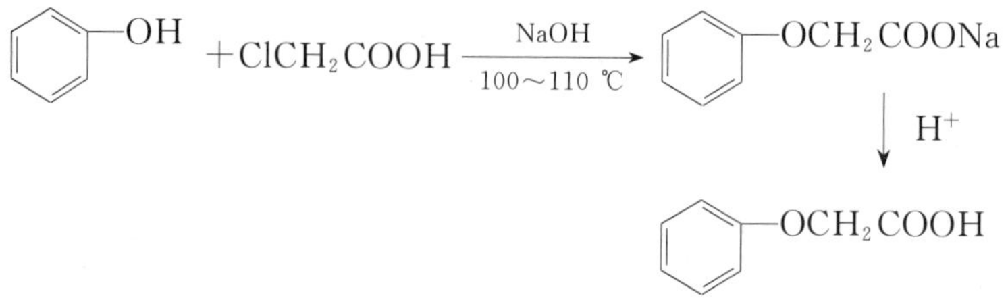

$$\text{〇—OH} + ClCH_2COOH \xrightarrow[100\sim110\ ℃]{NaOH} \text{〇—OCH}_2COONa$$

$$\downarrow H^+$$

$$\text{〇—OCH}_2COOH$$

配料物质的量之比:苯酚∶一氯乙酸∶氢氧化钠＝1∶1∶2.4～2.6

用2 g苯酚加20％氢氧化钠溶液8～9 mL,在40～50 ℃搅拌反应20 min,冷却至室温,分批加入2 g一氯乙酸。其他操作与"2,4-D"方法相同。

苯氧乙酸的相对分子质量为152.15,为白色晶体,易溶于醇、醚、苯、二硫化碳和冰醋酸,能溶于水,熔点为99 ℃。

三、安全事项

一氯乙酸是一种易潮解晶体,对皮肤的刺激性、腐蚀性很强,而且本品腐蚀皮肤时痛觉较轻,不易引起注意,因此称量时要特别小心。如果不慎接触皮肤,先用大量水冲洗,再用3％的碳酸氢钠溶液擦洗。

实验30　羧酸酯的制备

一、实验目的

(1)学习羧酸酯的制备原理和方法。
(2)掌握分水器的使用方法和分馏操作。

二、实验原理

羧酸酯一般是由羧酸和醇在少量 Bronsted 酸或 Lewis 酸的催化下反应而得。由于酯化反应是一个可逆反应,在平衡时一般只有 2/3 左右的酸和醇转变成酯。为了提高收率,通常采用增加酸或醇的用量,以及不断移去产物酯或水的方法来进行酯化反应。至于是使用过量的醇还是酸,则取决于原料的价格和操作是否方便等因素。除去酯化反应中的酯和水,一般是借助形成低沸点共沸物来进行。本实验借助正丁醇与水形成低沸点共沸物,不断把水带出反应体系,来达到提高酯化收率的目的。

$$RCOOH + R'OH \xrightarrow{酸催化} RCOOR' + H_2O$$

三、实验步骤

在150 mL二口烧瓶中,加入0.40 mol羧酸、0.40 mol醇、1 g一水合硫酸氢钠和几粒沸石,振荡使之混匀,瓶口分别装置温度计(水银球伸至液面以下)和分水器,分水器上端接一回流冷凝管(见图1-16),分水器内盛满正丁醇(需6～6.5 mL)。然后用小火隔着石棉网加热(或电热套加热),不久即有正丁醇-水的共沸物蒸出,而且可以看到小水珠逐渐沉到分水器的底部,反应过程中瓶内温度缓慢上升至一定温度后不再变化,反应生成的水有 7～9 mL。若长时间不见有水带出,便可停止反应(需 20～30 min)。当反应液冷却至 70 ℃以下时,将反应物直接倒入蒸馏烧瓶中(固体催化剂可重复使用)。加热蒸馏,按酯的沸点收集产物。

四、思考题

(1)一水合硫酸氢钠为什么具有催化酯化反应的作用?其为 Bronsted 酸还是 Lewis 酸?
(2)为什么粗产物可用"倾析法"分离,即可进行蒸馏操作纯化产物?
(3)为什么实际分水量比理论值高?

实　验　指　导

一、预习要求

(1)了解酯化反应的原理和实验方法。
(2)复习分水器的使用方法以及蒸馏操作等内容。

二、实验说明

(1)正丁醇-水的共沸点为 93 ℃(含水 44.5%),共沸物冷凝后,在水分离器中分层,上层主要是正丁醇(含水 20.1%),回流到反应瓶中,下层主要是水(含正丁醇 7.7%)。若反应混合物中没有与水形成低沸点共沸物的组分,可以采用加入苯的方法,使苯和水形成二元低沸点共沸物或苯、水和醇形成三元低沸点共沸物,以除去反应中生成的水,使收率有所提高。
(2)一水合硫酸氢钠催化酯化反应的结果如表 2-30 所示。

表 2-30　一水合硫酸氢钠催化酯化反应的结果

酯	分水时间/min	反应温度/℃	分水量/mL	产物沸程/℃	酯的质量/g	收率/(%)
乙酸正丁酯	30	102～122	7.7	122～126	44.7	96.2
乙酸异丁酯	30	78～113	7.1	113～117	43.1	92.5
乙酸正戊酯	30	110～146	9.0	144～149	48.6	93.6
乙酸异戊酯	30	107～136	7.0	136～142	52.0	85.9
丙酸正丁酯	30	110～142	7.8	141～146	52.1	95.8
丙酸异丁酯	30	106～134	7.0	133～137	51.0	95.1
丙酸正戊酯	30	117～164	7.0	164～169	51.1	88.5
丙酸异戊酯	30	114～154	7.3	156～160	54.8	95.0

实验 31　乙酸乙酯的制备

一、实验目的

了解酯化反应的原理,掌握液态有机物的洗涤、干燥和蒸馏等基本操作技术。

二、实验原理

乙酸乙酯是由乙酸和乙醇在少量浓硫酸的催化作用下制得的,反应式如下：

$$CH_3C\underset{\parallel}{\overset{O}{}}—OH + CH_3CH_2OH \underset{120\sim125\ ℃}{\overset{浓\ H_2SO_4}{\rightleftharpoons}} CH_3C\underset{\parallel}{\overset{O}{}}—OCH_2CH_3 + H_2O$$

副反应：

$$2CH_3CH_2OH \xrightarrow[140\sim150\ ℃]{浓\ H_2SO_4} CH_3CH_2OCH_2CH_3 + H_2O$$

酯化反应是可逆反应,为了获得高收率的酯,采用增加醇的用量和不断将反应产物酯和水蒸出等措施,使平衡向右移动。乙酸乙酯和水形成的二元共沸混合物的沸点(为 70.38 ℃)比乙醇(沸点为 78.32 ℃)和乙酸(沸点为 117.9 ℃)的沸点要低,因此很容易被蒸出。另外,浓硫酸除了催化作用外,还能吸取反应生成的水,有利于酯化反应的进行。尽管如此,由于乙酸乙酯容易挥发和在水中溶解度较大等造成精制过程中不可避免的损失,收率一般不会超过 70%。

三、实验步骤

1. 合成

在 125 mL 三口烧瓶中,放入 6 mL95%乙醇,在振摇下分批加入 6 mL 浓硫酸,混匀,并加入几粒沸石。旁边两口分别插入 25 mL 滴液漏斗和温度计,温度计的水银球浸入液面以下。中间口装一蒸馏弯管,与直形冷凝管连接。冷凝管末端连接一接液管,用 50 mL 锥形瓶作接收器。

将 6 mL 95%乙醇和 6 mL 冰醋酸(约 6.3 g,0.11 mol)配成的混合液由滴液漏斗滴入烧瓶内 1.5~2 mL,然后将三口烧瓶放在石棉网上用小火加热,使瓶中反应温度升到 100~120 ℃。这时在蒸馏管口应有液体蒸出,再从滴液漏斗慢慢滴入其余的混合液。控制滴入速度,使之与馏出速度大致相等,并维持反应液温度在 110~125 ℃之间,滴加完毕后继续加热数分钟,直到温度升高到 130 ℃不再有液体馏出为止。

2. 精制

在馏出液中慢慢加入饱和碳酸钠溶液 5 mL,不时摇动,直至无二氧化碳逸出,用石蕊试纸检验,酯层应呈中性。将馏出液移入分液漏斗中,充分振摇(注意旋塞放气)后,静置,分出水层,酯层用 5 mL 饱和食盐水洗涤,分净后,再用 10 mL 饱和氯化钙溶液分两次洗涤酯层,弃去下层液,酯层自漏斗上口倒入干燥的 50 mL 锥形瓶中,用 1~1.5 g 无水硫酸镁干燥约30 min。

将干燥过的粗乙酸乙酯滤入 50 mL 蒸馏瓶中,加入几粒沸石,在水浴上进行蒸馏,收集 73~78 ℃的馏分,产量为 5~6 g,收率为 57%~68%。

四、思考题

(1)酯化反应中加入浓硫酸有哪些作用？

（2）反应时蒸馏所得的馏出液为什么会具有酸性，可否用浓氢氧化钠溶液代替饱和碳酸钠溶液来洗涤馏出液？

（3）采用哪些措施可提高酯的收率？

实 验 指 导

一、预习要求

（1）复习酯化的反应过程。从理论上看有哪些措施可使反应向生成酯的方向进行？

（2）熟悉各种洗涤、分离操作的目的和原理。可否改用别的方法来代替本实验中的某种洗涤、分离方法？

二、实验说明

（1）主要反应物和产物的物理性质如表 2-31 所示。

表 2-31 主要反应物和产物的物理性质

名 称	相对分子质量	熔点/℃	沸点/℃	相对密度（20/4）	折光率（20 ℃）	溶 解 性
乙酸	60.05	16.6	118.1	1.0492	1.3716	与水任意混溶
乙醇	46.07	−117.3	78.4	0.7893	1.3611	与水任意混溶
乙酸乙酯	88.11	−83.6	77.1	0.9003	1.3723	微溶于水

（2）为提高酯的收率，使用过量醇还是过量酸，取决于原料的价格和操作是否方便等因素。

（3）为提高酯的产率，也可以在反应过程中不断蒸出产物，促进平衡向生成酯的方向移动。乙酸乙酯和水、乙醇形成二元或三元共沸混合物，共沸点都比原料的沸点低，故可在反应过程中不断将其蒸出。在中间口可加装一条长刺形分馏柱，以减少原料的蒸出。

（4）本实验采用的酯化方法，仅适用于合成一些沸点较低的酯类，其优点是能连续进行，用较小容积的反应瓶制得较大量的产物。

（5）反应时，如滴加乙醇与冰醋酸混合液的速度太快，反应温度会迅速下降，同时会使乙醇和乙酸来不及发生反应而被蒸出，影响产量。

（6）反应过程中，温度太高会增加副产物乙醚的生成量。

（7）粗产物用碳酸钠中和后须洗涤除去，否则下一步用饱和氯化钙溶液洗涤时，会产生絮状碳酸钙沉淀，造成分液麻烦，而选择用饱和食盐水洗涤碳酸钠，是为了减少酯在水中的溶解。

（8）水也能部分溶于乙酸乙酯中，20 ℃时 100 g 乙酸乙酯能溶解 3.1 g 水，30 ℃时能溶解 3.5 g 水。

乙酸乙酯与水或醇能形成二元或三元共沸物，若洗涤不干净或干燥不够，都会使沸点降低，影响收率。共沸物的组成和沸点如表 2-32 所示。

表 2-32　共沸物的组成和沸点

乙酸乙酯/(%)	乙醇/(%)	水/(%)	沸点/℃
82.6	8.4	9.0	70.2
91.9	—	8.1	70.4
69.0	31.0	—	71.8

三、安全事项

注意防腐蚀、防火。

实验 32　丁二酸二丁酯的制备

一、实验目的

(1)学习丁二酸二丁酯的制备原理和方法。
(2)掌握分水器的使用方法和减压蒸馏操作。

二、实验原理

羧酸酯一般是由羧酸和醇在少量浓硫酸的催化下反应而得,其实验原理与实验 30 羧酸酯的制备原理相同。本实验是用过量正丁醇与丁二酸作用,借助正丁醇与水形成低沸点共沸物不断把水带出反应体系,来达到提高酯化收率的目的。反应式为

$$
\begin{array}{l}
CH_2COOH \\
| \\
CH_2COOH
\end{array}
+ n\text{-}C_4H_9OH \xrightarrow{H_2SO_4}
\begin{array}{l}
CH_2COO(CH_2)_3CH_3 \\
| \\
CH_2COOH
\end{array}
+ H_2O
$$

$$
\begin{array}{l}
CH_2COO(CH_2)_3CH_3 \\
| \\
CH_2COOH
\end{array}
+ n\text{-}C_4H_9OH \xrightarrow{H_2SO_4}
\begin{array}{l}
CH_2COO(CH_2)_3CH_3 \\
| \\
CH_2COO(CH_2)_3CH_3
\end{array}
+ H_2O
$$

三、实验步骤

在 50 mL 二口烧瓶中,放入 2.5 g 丁二酸、7 mL 正丁醇、3~4 滴浓硫酸和几粒沸石,振摇使之混匀,瓶口分别装置温度计(水银球伸至液面以下)和分水器,分水器上端接一回流冷凝管,在分水器内盛满正丁醇,然后用小火加热,待丁二酸固体全部消失后不久即有正丁醇-水共沸物蒸出,而且可以看到小水珠逐渐沉到分水器的底部,反应过程中瓶内温度缓慢上升至130 ℃,反应出水约 0.5 mL 或长时间不见有水带出,便可停止反应(需 20~30 min)。当反应液冷却至 70 ℃ 以下时,立即移入分液漏斗中,用等量饱和氯化钠溶液洗一次,再用 5% 碳酸钠溶液中和,最后用饱和氯化钠溶液再洗一次,洗涤后的有机层倒入克氏蒸馏瓶中,常压蒸去正丁醇,然后用油泵减压蒸出产品,收集 108 ℃/533.3 Pa 的馏分,收率为 78%~92%。纯丁二酸二丁酯是无色透明液体,折光率(25 ℃)为 1.4269。

四、思考题

（1）丁醇在硫酸存在下加热到较高的温度，可能有哪些副反应？硫酸用量过多有什么不良影响？

（2）为什么粗产物用饱和食盐水洗涤后，不必进行干燥，即可进行蒸去正丁醇的操作？

（3）反应中使用分水器的目的是什么？诚列举反应过程中可能生成的副产物。

实 验 指 导

一、预习要求

（1）了解酯化反应的原理和实验方法。
（2）复习分水器的使用方法以及减压蒸馏操作等内容。

二、实验说明

（1）主要反应物和产物的物理性质如表 2-33 所示。

表 2-33　主要反应物和产物的物理性质

名　称	相对分子质量	沸点/℃	熔点/℃	相对密度	溶解性/(g/100 g)		
					水	乙醇	乙醚
丁二酸	118.09	235（脱水）	188～189	$1.572^{25/4}$	6.8^{20} 121^{100}	9.9^{15}	1.2^{15}
正丁醇	74.12	117.2	−89.8	$0.810^{20/4}$	—	∞	∞
丁二酸二丁酯	230.34	274.5	−29.3	$0.9752^{20/4}$	不溶	溶	溶

（2）二元酸酯化反应是分两步进行的。首先生成单酯，这步反应进行得较迅速和完全，第二步是单酯和正丁醇在酸的催化下继续反应生成二酯和水，这步反应需要较高温度和较长时间。在反应中，还可能发生正丁醇脱水形成正丁醚和不饱和烯烃等副反应，温度过高还会导致丁二酸二丁酯分解。

（3）正丁醇-水共沸点见实验 30 实验指导二（1）。

（4）酯化反应结束后，须中和反应混合物中的酸，中和温度不超过 70 ℃，碱的浓度不宜过高，否则酯易起皂化反应。碳酸钠用于中和硫酸和未反应的丁二酸。

（5）粗产物最后用氯化钠水溶液洗涤后，静置分层的时间要长一些，尽量将水层分离干净。虽然蒸去正丁醇时，正丁醇与水形成共沸物可以将粗产物中的水带出，但带出的量是很有限的。若在分液漏斗中没有将水分离干净，在蒸馏正丁醇时，则可能使粗产物中的水不能完全带出，将影响下一步骤减压蒸馏中产物的收率和纯度。正确的现象是：在蒸馏正丁醇快结束时，温度计所显示的温度应尽量接近正丁醇的沸点（117.2 ℃）。若远低于正丁醇的沸点，则说明未能将粗产物中的水完全带出。

三、安全事项

在进行减压蒸馏操作时,要严格按照操作规程和要求进行。玻璃仪器在使用之前要认真检查有无裂痕。注意开、关通大气的二通活塞时一定要慢,否则有可能导致水银玻璃管被冲破。

实验 33　乙酰水杨酸(阿司匹林)的制备

一、实验目的

(1)学习乙酰水杨酸的制备原理和方法。
(2)掌握用混合溶剂重结晶的操作技术。

二、实验原理

制备乙酰水杨酸最常用的方法是用乙酸酐或乙酰氯使水杨酸分子中的羟基乙酰化。为了加速反应的进行,常加入少量的浓硫酸作为催化剂。其作用是破坏水杨酸分子的氧原子与羟基中的氢原子所形成的氢键,使乙酰化反应较易完成。反应式为

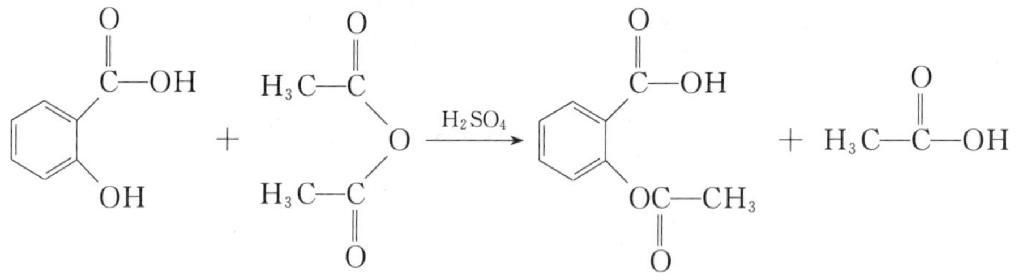

乙酰水杨酸又名阿司匹林,为白色针状或片状结晶,熔点为 135～138 ℃,是常用的解热镇痛药。

三、实验步骤

取一干燥锥形瓶(50 mL),放入 1.5 g 水杨酸和 3 mL 乙酸酐,摇匀后,滴加 4 滴浓 H_2SO_4,放在 60～70 ℃热水浴中边加热边振摇 10 min。取出锥形瓶,将反应物倒入装有 5 mL 蒸馏水的烧杯中,并用 10 mL 水分 3～4 次洗涤锥形瓶,洗液倒入烧杯中,剧烈搅拌后,放在冰水浴中冷却,以加速结晶。当结晶完全后,抽滤,并用约 5 mL 冷水洗涤,抽干粗制品。取极少量粗制品溶解于几滴乙醇中,加入 0.1% 三氯化铁溶液 1～2 滴,观察颜色是否变化。

将粗制的乙酰水杨酸放在一干燥的锥形瓶(50 mL)中,用乙醇-水混合溶剂重结晶(方法见实验 4)。最后,取少量乙酰水杨酸溶解于几滴乙醇中,并加入 0.1% 三氯化铁溶液 1～2 滴,观察颜色是否变化。将其余的乙酰水杨酸放在干燥器中晾干,称重,并计算收率,最后测定其熔点。

四、思考题

(1)在水杨酸和乙酸酐制备乙酰水杨酸的实验中,加浓硫酸起什么作用? 如何判断反应完全?

(2)在硫酸存在的情况下,水杨酸与乙醇作用会得到什么产物?

(3)在乙酰水杨酸的制备过程中,生成的副产物是什么? 如何除去?

实　验　指　导

一、预习要求

(1)学习酚类化合物的酯化反应。

(2)熟悉用混合溶剂重结晶的方法(参见实验4)。

二、实验说明

(1)主要反应物和产物的物理性质如表 2-34 所示。

表 2-34　主要反应物和产物的物理性质

名　称	相对分子质量	性　状	熔点/℃	沸点/℃	相对密度	溶　解　性
水杨酸	138.12	无色针状晶体	159(76 升华)	—	1.443	微溶于水,溶于乙醇
乙酸酐	102.09	无色液体	−73	139.6	1.0820	微溶于水并缓慢水解
乙酰水杨酸	180.16	白色针状晶体	135～138	321.4	—	微溶于水,易溶于乙醇

(2)反应温度不宜过高,否则将增加副产物如水杨酰水杨酸酯、乙酰水杨酸水杨酸酯的生成。

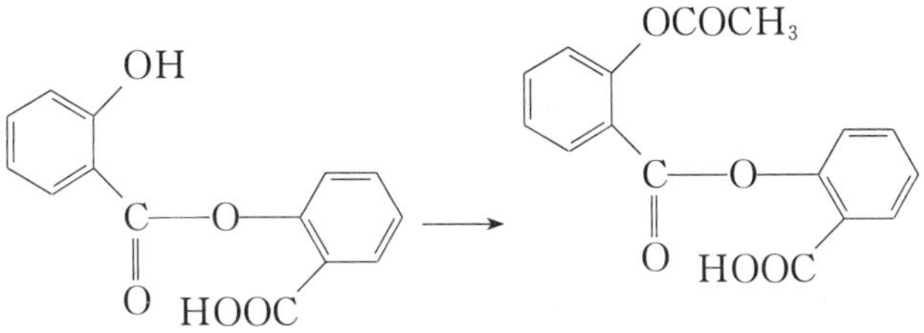

(3)粗制品中往往混有一些未作用完的水杨酸,它会与三氯化铁作用产生颜色变化,以此检测产品纯度。要除去水杨酸及其他杂质,必须将粗制品进行重结晶。

(4)乙酰水杨酸受热容易分解,测定熔点较难,可将油浴先加热至115 ℃,再将样品放入测定。

三、安全事项

本实验产物用混合溶剂重结晶,应注意防止发生火灾。

实验 34　蒽与马来酸酐的双烯合成

一、实验目的

(1)学习 Diels-Alder 反应的原理,掌握蒽与马来酸酐加成的方法。
(2)学会使用真空干燥器干燥某些固体有机物。

二、实验原理

蒽与马来酸酐加成是双烯合成的一个实例,其反应式为

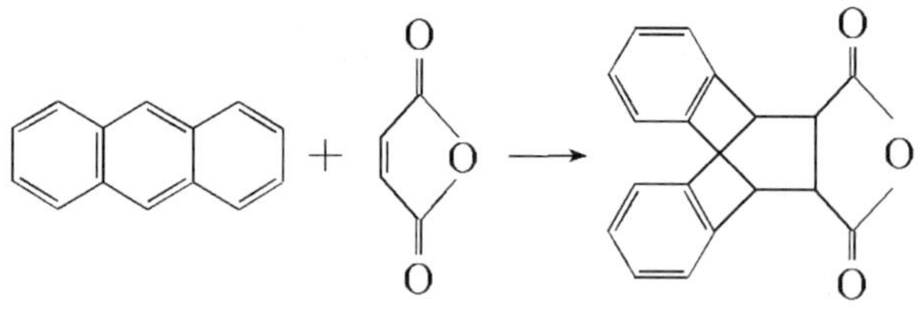

三、实验步骤

在 50 mL 圆底烧瓶中加入 2 g 纯蒽、1 g 马来酸酐和 25 mL 干燥的二甲苯。接回流冷凝管,加热回流 25 min。趁热经一预热过的布氏漏斗过滤(若原料较纯,反应混合物未见有杂质,此步可省去),滤液放冷,抽滤分出固体产物,放入盛有石蜡碎片的真空干燥器内干燥。产物熔点为 262~263 ℃(分解),产量为 2.2~2.5 g。

四、思考题

(1)双烯合成反应属于哪一种反应机理?有哪些特点?
(2)固体有机物的干燥方法有哪几种?在什么情况下采用真空干燥器干燥?

实 验 指 导

一、预习要求

(1)复习双烯合成反应的原理和特点。
(2)了解真空干燥器的使用方法和注意事项。
(3)学习蒽与马来酸酐加成的操作方法。

二、实验说明

(1)主要反应物和产物的物理性质如表 2-35 所示。

表 2-35　主要反应物和产物的物理性质

名　　称	相对分子质量	熔点/℃	沸点/℃	溶　解　性
蒽	178.23	216.5	354～355	易溶于热苯,难溶于乙醇、乙醚,不溶于水
马来酸酐	98.06	52.8	200	溶于乙醇、乙醚、丙酮,难溶于石油醚、四氯化碳

(2)马来酸酐如放置过久,用时应重结晶,其方法是:称 10 g 马来酸酐,加15 mL氯仿,加热沸腾数分钟,趁热过滤,滤液放冷,即得到纯净的马来酸酐。抽滤,置于干燥器中干燥。熔点为52.8 ℃。

(3)经抽滤分出的固体产物,要在真空干燥器内进一步干燥,因产物在空气中吸收水分使部分水解,同时对熔点的测定也造成困难。

(4)用干燥器干燥固体有机物是实验室最常用的干燥方法之一。干燥器有普通干燥器、真空干燥器、真空恒温干燥器等。使用真空干燥器干燥固体,通常是将固体放在广口的容器(或培养皿)中,置于干燥器的多孔磁板上。然后抽真空,以达到加速干燥的效果。干燥器底部可放入无水氯化钙、硅胶、五氧化二磷、浓硫酸或固体氢氧化钾等干燥剂。

质量不好的真空干燥器在抽真空时会破裂,所以新的真空干燥器须用铁丝网罩好,用真空泵抽气 3 h,确保质量可靠后再使用。

三、安全事项

正确使用真空干燥器,以免干燥器破裂造成事故或冲走样品造成损失。

实验 35　乙酰苯胺的制备

一、实验目的

了解苯胺乙酰化反应的原理和实验操作,进一步熟悉重结晶操作。

二、实验原理

芳香族伯胺的苯环和氨基都容易起反应,在有机合成上为了保护氨基,往往先把氨基乙酰化变为乙酰苯胺,然后进行其他反应,最后水解除去乙酰基。

本实验介绍两种制备乙酰苯胺的方法。

1. 方法一

采用乙酸酐为乙酰化试剂:

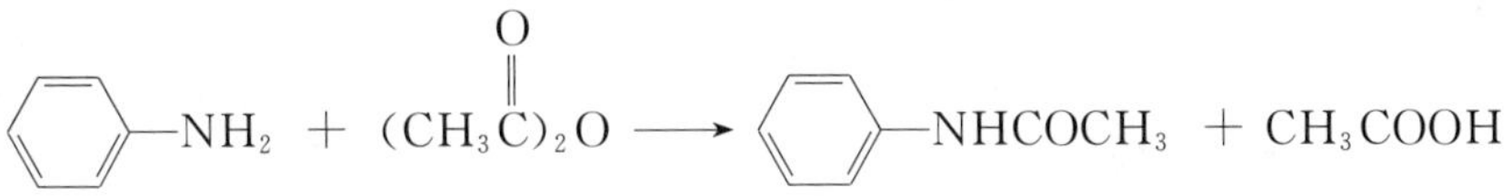

$$\text{C}_6\text{H}_5\text{—NH}_2 + (\text{CH}_3\text{C})_2\text{O} \longrightarrow \text{C}_6\text{H}_5\text{—NHCOCH}_3 + \text{CH}_3\text{COOH}$$

2. 方法二

采用乙酸为酰化剂:

$$\text{\raisebox{-0.5ex}{\LARGE ◯}}—NH_2 + CH_3COOH \underset{锌粉}{\overset{}{\rightleftharpoons}} \text{\raisebox{-0.5ex}{\LARGE ◯}}—NHCOCH_3 + H_2O$$

本反应是可逆的,为提高平衡转化率,加入了过量的冰醋酸,同时不断地把生成的水移出反应体系,可以使反应接近完成。为了让生成的水蒸出,而又尽可能地让沸点接近的乙酸少被蒸出来,本实验采用较长的分馏柱进行分馏。实验加入少量的锌粉,是为了防止反应过程中苯胺被氧化。

三、实验步骤

1. 方法一

在 25 mL 的圆底烧瓶中,加入 2.2 mL(0.024 mol)苯胺,再小心加入 3.5 mL 冰醋酸和 3.5 mL 乙酸酐。乙酸酐与苯胺反应会产生热。瓶上连一冷凝管,在石棉网上直接加热煮沸 10 min(即回流 10 min),然后放冷(可稍冷后用水冷却),倒入盛有 12 mL 水和 12 g 冰的烧杯中。充分搅拌,用布氏漏斗过滤,得乙酰苯胺结晶。用少量的冰水洗后移入 150 mL 烧杯中,准备重结晶。

加入温热水 40 mL,缓慢加热至沸(如乙酰苯胺未完全溶解,可再加 15 mL 水,煮沸)。溶解完全后,稍放冷,加入少量活性炭,重新加热至沸腾,趁热过滤。

将滤液冰冻,用布氏漏斗过滤。结晶用少量的乙醇和乙醚(各约 5 mL)洗涤。结晶放在蒸发皿上用水浴烘干,产量约 2 g,熔点为 113～114 ℃,计算收率。

2. 方法二

温度计

接液管

锥形瓶

刺形分馏柱

图 2-9　反应装置

在 50 mL 圆底烧瓶中放入 5 mL 新蒸馏过的苯胺、7.4 mL 冰醋酸和 0.1 g 的锌粉,按图 2-9 装好实验装置,放在石棉网上用小火加热至沸腾。控制火焰,保持温度计读数在 105 ℃ 左右。经过 40～60 min,反应所生成的水(含少量乙酸)可完全蒸出。当温度计的读数发生上下波动时(有时,反应容器中出现白雾),反应即达终点,可停止加热。在不断搅拌下把反应混合物趁热慢慢倒入盛 100 mL 水的烧杯中。继续剧烈搅拌,并冷却烧杯,使粗乙酰苯胺呈细粒状完全析出。用布氏漏斗抽滤析出的固体。用玻璃瓶塞把固体压碎,再用 5～10 mL 冷水洗涤以除去残留的酸液。把粗乙酰苯胺放入 150 mL 热水中,加热至沸腾。如果仍有未溶解的油珠,需补加热水,直到油珠完全溶解为止。稍冷后加入约 0.5 g 粉末状活性炭,用玻璃棒搅动并煮沸 1～2 min。趁热用保温漏斗过滤或用预先加热好的布氏漏斗减压过滤。冷却滤液,乙酰苯胺呈无色片状晶体析出。减压过滤,尽量挤压以除去晶体中的水分。产物放在表面皿上水蒸气加热烘干后测定其熔点。产量约 5 g。

四、思考题

(1)由苯胺制备乙酰苯胺,可用哪几种乙酰化试剂?各有何优点?

(2)过滤后的结晶,为什么还要用少量的乙醇和乙醚洗涤?

························· **实 验 指 导** ·························

一、预习要求

(1)了解胺类化合物乙酰化反应的原理和实验方法。

(2)复习回流和重结晶的实验操作。

二、实验说明

(1)主要反应物和产物的物理性质如表 2-36 所示。

表 2-36　主要反应物和产物的物理性质

名称	相对分子质量	熔点/℃	沸点/℃	相对密度	溶解性/(g/100g)		
					水	乙醇	乙醚
苯胺	93.14	−6.3	184.4	1.022	3.6^{18}	∞	∞
乙酸酐	102.09	−73	139.6	1.082	12(冷水),在热水中分解	溶于热醇,分解	溶
乙酰苯胺	135.17	114.3	305	1.2105	0.53^6 3.5^{80}	21^{20} 46^{60}	7^{25}

(2)久置的苯胺颜色变深,会影响生成的乙酰苯胺的质量,所以苯胺在使用前须重新蒸馏。

(3)粗乙酰苯胺重结晶提纯,在加热溶解的过程中,有时乙酰苯胺可转变成油状物,此油状物是熔融状态的含水乙酰苯胺(83 ℃时含水 13%)。所以在制备乙酰苯胺的饱和溶液时,必须使油状物完全溶解。一旦有油状物产生,可放冷后再缓慢加热溶解。若仍有油状物,则需要再加入适量水,继续加热溶解。

(4)固体有机物干燥时,可在空气中晾干,也可在红外灯下或在烘箱中加热干燥。干燥的温度必须根据化合物的熔点来决定。乙酰苯胺的熔点为 114.3 ℃,因此,它的干燥温度不能超过 100 ℃。在加热干燥乙酰苯胺之前,必须尽量把溶剂抽干。

在空气中易被氧化的固体可在真空干燥器或真空恒温干燥器中进行干燥。

(5)为让生成的水蒸出,又减少乙酸的损失,本实验采用较长分馏柱进行分馏。

三、安全事项

(1)苯胺有毒,操作时应避免与皮肤接触或吸入其蒸气。不慎触及皮肤时,应先用水冲洗,再用肥皂和温水洗涤。

(2)用活性炭脱色时,注意不要将活性炭加入沸腾的溶液中。否则,沸腾的溶液会溢出容器。

实验 36　丙烯酰胺的制备

一、实验目的

(1)学习由丙烯腈制备丙烯酰胺的原理和方法。
(2)练习回流、搅拌、过滤、干燥的操作。

二、实验原理

$$H_2C{=\!\!=}CH{-}CN + H_2O \xrightarrow[\textcircled{2}NH_3]{\textcircled{1}H_2SO_4} H_2C{=\!\!=}CHCONH_2$$

三、实验步骤

在 100 mL 三口烧瓶中加入 15 g 丙烯腈、32 g 84%硫酸,装上搅拌器、回流冷凝管和一支温度计,将混合物加热至 95 ℃,在此温度下搅拌反应 2 h,丙烯腈转化为丙烯酰胺硫酸盐。过滤,滤出的滤液转移到 100 mL 烧杯中。搅拌下缓慢滴加浓氨水中和,控制中和温度不超过 50 ℃。pH 值为 6.5 停止中和。过滤除去固体硫酸铵。滤液冷却至 0 ℃,丙烯酰胺结晶析出。抽滤、干燥,得丙烯酰胺成品。纯的丙烯酰胺为白色片状晶体,熔点为 84～86 ℃。

四、思考题

(1)用稀硫酸水解会得到什么产物,为什么?
(2)中和时能用氢氧化钠这样的强碱吗?

··· 实 验 指 导 ···

一、预习要求

(1)了解腈水解制备酰胺的原理。
(2)了解回流、搅拌、过滤、固体物干燥的实验操作。

二、实验说明

(1)主要原料和产物的物理性质如表 2-37 所示。

表 2-37　主要原料和产物的物理性质

名称	相对分子质量	熔点/℃	沸点/℃	折光率(20℃)	相对密度	溶　解　性
丙烯腈	53.06	−83.5	77.3	1.3911	$0.8060^{20/4}$	微溶于水,溶于一般有机溶剂
丙烯酰胺	71.08	84.5	87 (266.64 Pa)	—	$1.122^{20/4}$	能溶于水、醇、丙酮、醚、氯仿,不溶于苯

(2)中和温度不能太高,否则会使丙烯酰胺聚合。

三、安全事项

丙烯腈和丙烯酰胺均有毒、易燃,实验中要注意安全。

实验 37　偶氮苯的光化异构化和鉴定

一、实验目的

(1)学习偶氮苯光化异构化的原理和方法。
(2)熟悉薄层色谱在有机反应中的应用。

二、实验原理

偶氮苯常见的形式是反式异构体,用紫外光(365 nm)照射时,有90%以上反式偶氮苯可以转化为热力学上不稳定的顺式偶氮苯,而用日光照射时转化率稍高于50%。反应式为

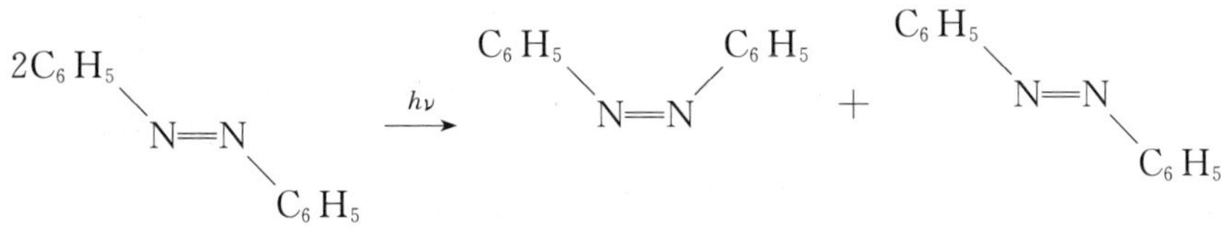

（反式）　　　　　　　　（顺式）　　　　　　　　（反式）

顺式和反式偶氮苯的极性不同,可用薄层层析进行分离鉴定。

三、实验步骤

1. 光化异构化

取 0.04 g 偶氮苯放入一试管中,加入 2 mL 无水苯使之溶解,然后分装于两支试管中。其中一支试管于日光下照射 1 h 或在 365 nm 紫外光下照射 30 min,进行光化异构化反应;另一支试管用黑纸包好避光放置以进行比较。

2. 异构体鉴定——薄层色谱法

取一块 2.5 cm×7 cm 的硅胶 G 板(如属久置,使用前须在 110 ℃活化 30 min),在离板一端 1 cm 处点 2 个样。一个是经过光照的偶氮苯,另一个是未经光照的偶氮苯,要求两点之间的距离为 1 cm。将点样干燥后的薄层板斜放于盛有体积比为 3∶1 的环己烷和苯的层析缸中。待展开剂前沿上升到离板的上端约 1 cm 处时,取出薄层板,记下展开剂前沿和斑点的中心位置。晾干后可观察到经光照后的偶氮苯有 2 个黄色斑点,判断哪个是顺式,哪个是反式,并计算其 R_f 值。

四、思考题

(1)为什么偶氮苯的常见形式是反式异构体,本实验中 R_f 值大的是顺式异构体吗?
(2)为什么使用前要将薄层板在 110 ℃活化 30 min?

-------------------------------- 实 验 指 导 --------------------------------

一、预习要求

(1)学习偶氮苯的结构和性质。

(2)复习薄层色谱的原理和操作。

二、实验说明

(1)偶氮苯的物理性质如表 2-38 所示。

表 2-38　偶氮苯的物理性质

构型	相对分子质量	晶　　形	熔点/℃	沸点/℃	溶　解　性
反式	182	橙红色正交结晶	68	293	溶于乙醇、乙醚、乙酸、石油醚，微溶于水
顺式	182	橙红色片状晶体(石油醚)	71		在常温时逐渐转变为反式

(2)本实验也可用 1,2-二氯乙烷作展开剂，不过该试剂毒性大，使用时要严格注意安全。

(3)薄层板展开时，为避免外界干扰，层析缸通常采用棕色广口瓶，或用黑色胶布(纸)包裹外表面，避免见光。

三、安全事项

本实验所用试剂多数为有毒物质，使用时注意安全。

实验 38　反式肉桂酸的光化二聚

一、实验目的

学习光照下通过环化反应合成二聚肉桂酸的原理和方法。

二、实验原理

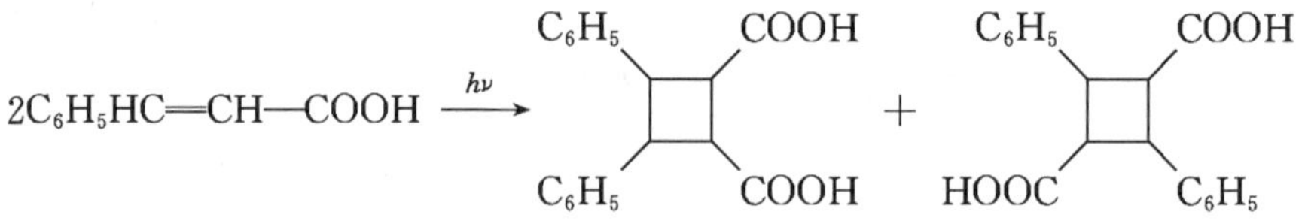

$$2C_6H_5HC{=}CH{-}COOH \xrightarrow{h\nu}$$

三、实验步骤

称取 3 g 反式肉桂酸放入洁净干燥的 250 mL 锥形瓶中，加入约 4 mL 四氢呋喃，在水浴上加热,同时不停地转动锥形瓶。待肉桂酸全部溶解后,移离水浴,趁热继续转动锥形瓶,使肉桂酸晶体均匀地涂在锥形瓶的内壁上。如果涂层不均匀,可重复上述操作,直到涂层均匀为止。当锥形瓶内的涂层足够干燥时,把锥形瓶口朝下,夹到铁架台上,放置 30 min,使锥形瓶内的溶剂全部流出。以上操作最好在通风橱内进行。用软木塞塞住锥形瓶口,瓶口朝下,放在阳光下照射。一星期后,将瓶子转动 180°,照射瓶子的另一面。两星期后,加入 60 mL 苯以溶解没有反应的肉桂酸。用布氏漏斗抽滤,再用 45 mL 苯分三次洗涤二聚肉桂酸。产品在空气中晾干。二聚肉桂酸的收率在 50% 以上,熔点为 284～286 ℃。

四、思考题

(1)为什么要将肉桂酸在锥形瓶内涂布均匀?

(2)在用阳光照射时,能不能只照射一星期而又不影响二聚肉桂酸的收率,如何操作?

------------------------------- 实 验 指 导 -------------------------------

一、预习要求

了解周环反应中的电环化反应,了解二聚肉桂酸的制备原理。

二、实验说明

(1)主要反应物和产物的物理性质如表 2-39 所示。

表 2-39　主要反应物和产物的物理性质

名　称	相对分子质量	熔点/℃	沸点/℃	相对密度	溶　解　性
反式肉桂酸	148.16	133	300	1.2475(4/4℃)	微溶于水,易溶于醚、苯、丙酮、冰醋酸
二聚肉桂酸	296.30	284～286	—	—	

(2)肉桂酸不纯时,需要进行脱色精制。

(3)也可以用四支 20 W 农用黑光灯照射。照射 21 h 得二聚肉桂酸 1.5 g(50%),照射 72 h 得二聚肉桂酸 2.6 g(87%)。

(4)二聚肉桂酸纯度不高时,可在乙醇中进行重结晶。

实验 39　酸性橙Ⅱ(2 号橙)染料的合成和织物的染色

一、实验目的

(1)学习芳香伯胺重氮化反应和偶联反应的原理、实验方法。

(2)掌握低温操作技术。

(3)了解染料的染色方法。

二、实验原理

对-(2-羟基-1-萘偶氮)苯磺酸钠是一种酸性橙色染料,对丝织物有较好的染色效果。它是由对氨基苯磺酸重氮盐与 β-萘酚在弱碱性介质中偶联得到的。反应式为

$$H_2N-\langle\rangle-SO_3H+NaOH\longrightarrow H_2N-\langle\rangle-SO_3Na+H_2O$$

$$H_2N-\langle\rangle-SO_3Na+NaNO_2+H_2SO_4 \xrightarrow{0\sim5\ ℃} [NaO_3S-\langle\rangle-\overset{+}{N}\!\!=\!\!N]HSO_4^-$$

$$[NaO_3S-\langle\rangle-\overset{+}{N}\!\!=\!\!N]HSO_4^- + \text{(β-萘酚)} \longrightarrow NaO_3S-\langle\rangle-N\!\!=\!\!N-\text{(2-萘酚环)}$$

三、实验步骤

1. 重氮化

将 0.9 g 无水对氨基苯磺酸置于 50 mL 小烧杯中,加入 5% 氢氧化钠溶液 5 mL,温热至溶解,放冷至室温,再加入 4 mL 10% 亚硝酸钠溶液,搅拌均匀,然后置于冰盐浴中冷却至 5 ℃,在不断搅拌下滴加由 0.8 mL 浓硫酸和 10 mL 水配成的溶液,控制滴加速度,勿使温度超过10 ℃,加完后再搅拌 5 min。用碘化钾淀粉试纸检验亚硝酸钠是否过量或不足,如过量则加尿素分解,如不足则需补加亚硝酸钠。此时有重氮盐细小晶体析出。将重氮盐置于冰浴中冷却备用。

2. 偶联

于 100 mL 烧杯中放入 0.75 g β-萘酚和 10 mL 5% 氢氧化钠溶液,搅拌加热至全溶后,用冰冷却至 5～10 ℃,若此时溶液变混浊,可适当补加碱溶液使之溶解成清液为止。

将在冰浴中冷却的重氮盐用 10% 碳酸钠溶液中和到弱酸性(pH 值为 6,需 10% 碳酸钠溶液 8～10 mL),注意勿使温度超过 10 ℃。然后分批将重氮盐加到 β-萘酚溶液中,搅拌并控制加入速度,使温度不超过 10℃,而且始终保持在碱性介质中反应,必要时可补加碱液,使 pH 值为 8～9。加完后再继续搅拌 5 min,析出橙色沉淀,随后在石棉网上加热至沉淀全部溶解 (40～50 ℃),用冰冷却至沉淀全部析出,如不析出沉淀,可加少量固体氯化钠盐析。抽干,依次用滴管滴加少量(1～2 mL)水(或 15% 氯化钠溶液)和乙醇、乙醚洗涤沉淀物,再抽干后于红外灯下干燥,称重,计算收率。

酸性橙Ⅱ是红橙色固体,溶于水呈橙红色,溶于醇呈橙色,溶于硫酸溶液中呈品红色。

3. 织物的染色

在 250 mL 烧杯中加入 150 mL 水、5 mL 15% 硫酸钠溶液和 2 滴浓硫酸,加热到 40～50 ℃后,加入 0.2 g 酸性橙Ⅱ,搅拌使之全溶。

将各种类型纤维或织物(如纯涤纶、棉、蚕丝、羊毛等)放入染浴内,加热染浴到90～95 ℃,在此条件下染色5～10 min,然后将织物捞出置于烧杯中,用自来水冲洗至水中不含颜色。取出织物,夹于滤纸间吸干水分,在红外灯下展平干燥,按照染色好坏顺序贴于报告本上,比较染料对织物的染色效果,说明染料适合染何种类型纤维或织物。

四、思考题

(1)为什么重氮化反应必须在低温下进行,如果温度过高或溶液酸度不够会产生什么副反应?

(2)什么叫偶联反应?试结合本实验,讨论偶联反应的条件。

(3)在本实验中,制备重氮盐时为什么要把对氨基苯磺酸变成钠盐?本实验如改成下列操作步骤:先将对氨基苯磺酸与硫酸混合,再滴加亚硝酸钠溶液进行重氮化反应,可以吗,为什么?

(4)为什么要用碘化钾淀粉试纸检验反应的终点,亚硝酸钠过量有何影响?

························ **实 验 指 导** ························

一、预习要求

(1)了解重氮化反应和偶联反应的原理、实验方法、条件。

(2)复习冰盐浴冷却操作。

二、实验说明

(1)主要反应物和产物的物理性质如表 2-40 所示。

表 2-40　主要反应物和产物的物理性质

名　　称	相对分子质量	性　　状	熔点/℃	溶　解　性		
				水	醇	醚
对氨基苯磺酸	173.2	白色晶体	288	1.08 g/100 g(20 ℃)	微溶	微溶
β-萘酚	144.17	单斜晶体	112～113	难溶	溶	微溶
酸性橙Ⅱ	350.32	红橙色固体	—	易溶	溶	微溶

(2)在制备重氮盐时,应注意以下几个问题。

①严格控制在低温下进行。重氮化反应是一个放热反应,同时大多数重氮盐极不稳定,在室温下易分解,所以重氮化反应一般要保持在0～5 ℃进行。但苯环上有强间位定位基的伯芳胺,如对氨基苯磺酸,重氮化反应温度可在 15 ℃以下进行。这种重氮盐在 10 ℃可置于暗处2～3 h不分解。

②反应介质要有足够的酸度。重氮盐在强酸性溶液中较不活泼,过量的酸能避免副产物重氮氨基化合物的形成。通常使用的酸量要比理论量多 25% 左右。

③避免亚硝酸钠过量。过量的亚硝酸会促进重氮盐分解,亚硝酸能起氧化和亚硝化作用,很容易与进行下一步反应所加入的化合物(如叔芳胺等)起作用,还会使反应终点难以检验。重氮化反应接近终点时,应经常用碘化钾淀粉试纸检验,若试纸不变蓝色,表示重氮化反应还未到终点,还需补加亚硝酸钠;若碘化钾淀粉试纸已显蓝色,表示亚硝酸钠已过量,这是因为存在下列反应:

$$2HNO_2 + 2KI + 2H^+ \longrightarrow I_2 + 2NO\uparrow + 2H_2O + 2K^+$$

析出的碘使淀粉变蓝。这时应加少量尿素以除去过量的亚硝酸:

$$\underset{\displaystyle H_2N-\overset{\displaystyle O}{\overset{\|}{C}}-NH_2}{} + 2HNO_2 \longrightarrow CO_2\uparrow + 2N_2\uparrow + 3H_2O$$

加尿素水溶液时,也应逐滴加入,直到碘化钾淀粉试纸不变蓝为止。

④反应时应不断搅拌。反应要均匀地进行,避免局部过热,以减少副反应。制得的重氮盐水溶液不宜放置过久,要及时地用于下一步的合成。

(3)芳香伯胺先和酸反应成盐溶于水中,再滴加亚硝酸钠溶液,这种方法称为顺重氮化法。而对氨基苯磺酸由于本身以内盐形式存在,不溶于无机酸,因此它很难重氮化,所以先将它溶解于碱液中,再加需要量的亚硝酸钠,然后滴加稀酸,此重氮化的方法称为倒重氮化或反重氮化法。

(4)本实验若用冰水浴冷却效果不好,可在碎冰中加入少量食盐,但温度控制在 5 ℃左右,不要超过 10 ℃,过低的温度将使重氮化反应不完全。

(5)重氮化反应产生的对氨基苯磺酸重氮盐在水中电离,形成中性内盐($^-O_3S-\!\!\!\!\bigcirc\!\!\!\!-\overset{+}{N}\!\!\equiv\!\!N$),在低温时难溶于水而形成细小晶体析出。

(6)偶联反应中,介质的酸碱性对反应影响很大。与酚类偶联宜在中性或弱碱性介质中进行,与胺类偶联宜在中性或弱酸性介质中进行。酚在碱性溶液中形成酚盐,酚盐易离解成负离子,由于 p-π 共轭效应,邻位电子云密度增加,反应易于进行。

(7)最后产物(酸性橙 II)在水中溶解度较大,不宜用过多水洗涤,改用 15% 氯化钠水溶液洗涤可减少损失。用水洗涤后,应尽量抽干,再用少量乙醇、乙醚洗涤,可促使产物迅速干燥。

三、安全事项

亚硝酸钠属于有毒试剂(被认为有致癌作用),千万不要误入口中和沾染在皮肤上;用过的亚硝酸钠溶液不要倒入下水道,应收集起来及时处理。

实验 40　7,7-二氯二环[4.1.0]庚烷的制备

一、实验目的

(1)了解相转移催化反应的原理。

(2)学习用相转移催化合成 7,7-二氯二环[4.1.0]庚烷。

二、实验原理

本实验是在碱性条件下进行的相转移催化反应。

(1)二氯卡宾的产生：

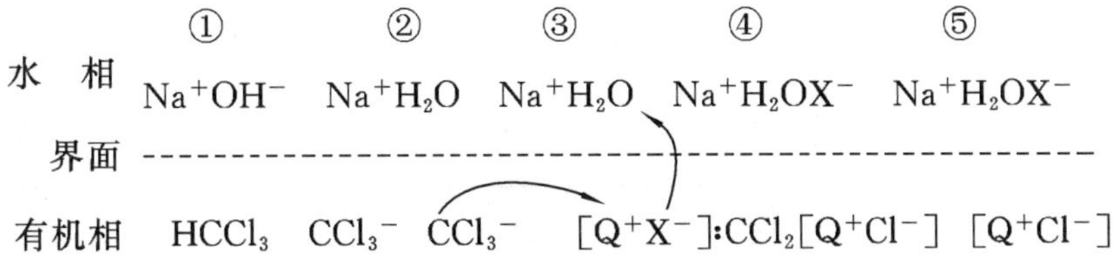

$$
\begin{array}{cccccc}
 & ① & ② & ③ & ④ & ⑤ \\
\text{水相} & Na^+OH^- & Na^+H_2O & Na^+H_2O & Na^+H_2OX^- & Na^+H_2OX^- \\
\text{界面} & \text{----------} & \text{----------} & \text{----------} & \text{----------} & \text{----------} \\
\text{有机相} & HCCl_3 & CCl_3^- & CCl_3^- & [Q^+X^-]{:}CCl_2[Q^+Cl^-] & [Q^+Cl^-]
\end{array}
$$

(2)二氯卡宾与环己烯反应：

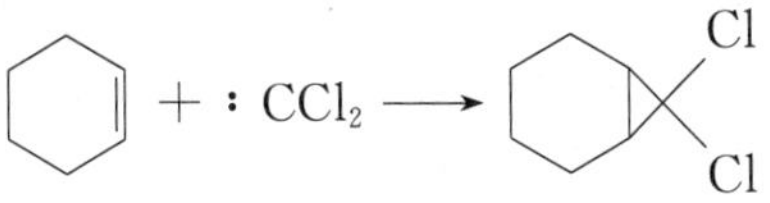

环己烯 $+ :CCl_2 \longrightarrow$ 7,7-二氯二环[4.1.0]庚烷（Cl, Cl）

三、实验步骤

在装有搅拌器、回流冷凝管和温度计的 100 mL 三口烧瓶中,加入 10.1 mL 环己烯、0.5 g 苄基三乙基氯化铵(TEBA)的 30 mL 氯仿溶液,在搅拌下,由冷凝管上口滴加由 16 g 氢氧化钠溶于 16 mL 水配制而成的溶液,大约在 10 min 内加完,温度逐渐上升到 60 ℃ 左右,反应液的颜色逐渐变为橙黄色并有固体析出。当温度开始下降后,用水浴加热回流 1 h。反应完后冷却至室温,加入水(约 50 mL)到固体全部溶解,将混合液转入分液漏斗,分出下层有机相(两相间若有较多乳状物,可用玻璃丝过滤),水相用 30 mL 乙醚提取一次,将提取液与有机相合并,用等体积的水洗 2~3 次直到中性,用无水硫酸钠干燥。过滤,水浴蒸出溶剂后进行减压蒸馏,收集 80~82 ℃/2 133 Pa 的馏分,产品重 10~13 g。产品也可以常压蒸馏,产物沸点是 198 ℃,蒸馏时有轻微的分解。

四、思考题

常用的相转移催化剂除季铵盐外还有哪些类型？试举例说明。

------------------------------- **实 验 指 导** -------------------------------

一、预习要求

学习相转移催化剂的作用原理和 7,7-二氯二环[4.1.0]庚烷的制备方法。

二、实验说明

(1)主要反应物和产物的物理性质如图 2-41 所示。

表 2-41　主要反应物和产物的物理性质

名称	相对分子质量	熔点/℃	沸点/℃	折光率(20 ℃)	相对密度(20/4)	溶解性
环己烯	82.15	−103.7	83.2	1.4465	0.8098	不溶于水,溶于乙醇、乙醚
氯仿	119.38	−63.5	61.2	1.4459	1.48	难溶于水,溶于乙醇、乙醚
7,7-二氯二环[4.1.0]庚烷	165.06	—	198	1.5040	1.25^{20}	不溶于水,溶于乙醚

(2)下列离子中任何一种的氯化或溴化季铵盐都适宜作相转移反应的表面活性剂:苄基三甲基铵、苄基三乙基铵、苄基二甲基十六烷基铵、十六烷基三甲基铵、四丁基铵。

(3)水相用乙醚提取时,轻轻摇动即可,以免发生乳化而难以分层。

(4)减压蒸馏时,也可收集 78~79℃/2 kPa、83~85 ℃/3.2 kPa、95~97 ℃/4.67 kPa 或 102~104 ℃/6.67 kPa 的馏分。

三、安全事项

注意乙醚的安全操作。

实验 41　巴比妥酸的制备

一、实验目的

(1)学习用丙二酸二乙酯与尿素缩合制备巴比妥酸的原理和方法。
(2)掌握回流、重结晶、测熔点等操作。

二、实验原理

巴比妥酸及其衍生物是一类广泛应用于镇静催眠的药物,通过丙二酸二乙酯或取代丙二酸二乙酯与尿素或硫脲反应,可制备一系列巴比妥酸类的嘧啶衍生物,例如:

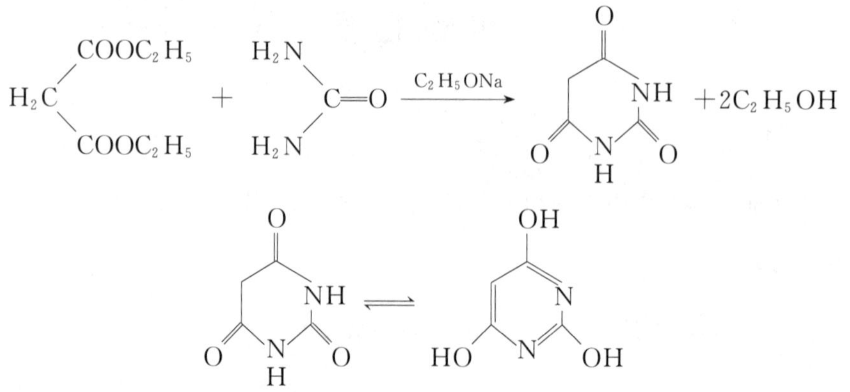

三、实验步骤

在 100 mL 干燥的圆底烧瓶中放入 20 mL 无水乙醇,装好冷凝管,从冷凝管上口分数次加入 1 g 切成小块的金属钠,待其全部溶解后,再加入 6.5 mL 丙二酸二乙酯,摇匀。然后缓慢加入 2.4 g 干燥过的尿素和 12 mL 无水乙醇所配成的溶液,在冷凝管上端装氯化钙干燥管,振荡下回流 2 h。

反应物冷却后为黏稠白色半固体物,在其中加入 30 mL 热水,再用盐酸酸化(pH 值约为 3),得一澄清溶液,过滤除去少量杂质。滤液用冰水冷却使其结晶,过滤,用少量冰水洗涤数次,得白色棱柱状晶体,干燥,产量为 2～3 g,熔点为 244～245 ℃。

四、思考题

本实验中为什么要保证仪器、药品无水?

---------------------------------- 实 验 指 导 ----------------------------------

一、预习要求

(1)阅读用尿素与丙二酸二乙酯缩合制备巴比妥酸的原理和方法。
(2)复习回流、重结晶、测熔点等操作。

二、实验说明

(1)主要反应物和产物的物理性质如表 2-42 所示。

表 2-42　主要反应物和产物的物理性质

名　称	相对分子质量	熔点/℃	沸点/℃	折光率(20℃)	相对密度	溶　解　性
丙二酸二乙酯	160.17	−50	198～199	1.4150	1.055	不溶于水,能溶于醇、醚、苯和氯仿
尿素	60.06	132.7	—	—	$1.32^{18/4}$	易溶于水,溶于醇,几乎不溶于醚和氯仿
巴比妥酸	128.09	244～245	260(分解)	—	—	易溶于热水和稀酸,溶于醚,难溶于冷水

(2)实验所用仪器和药品均应保证无水。
(3)由于金属钠与醇顺利反应,故金属钠无须切得太小,以免暴露太多的表面,在空气中会迅速吸水转化为氢氧化钠而皂化丙二酸二乙酯。
(4)若丙二酸二乙酯的质量不够好,可进行一次减压蒸馏,收集 82～84 ℃/1.07 kPa 的馏分。
(5)反应物在溶液中析出时为有光泽的晶体,长久放置会转化为粉末。

三、安全事项

金属钠遇水会燃烧、爆炸,使用时严格防止与水接触。

实验 42　2-氨基-1,3,4-噻二唑的制备

一、实验目的

(1)学习 2-氨基 -1,3,4-噻二唑的合成原理和分离提纯方法。
(2)掌握电动搅拌器的使用等基本操作。

二、实验原理

1,3,4-噻二唑是一种新型的杂环化合物,主要用作药物中间体,且具有相当广泛的生物活性。1,3,4-噻二唑的衍生物具有多种药理活性,可用于抗菌消炎、抗肿瘤等。以氨基硫脲和甲酸为原料可制备 2-氨基-1,3,4-噻二唑,反应式如下:

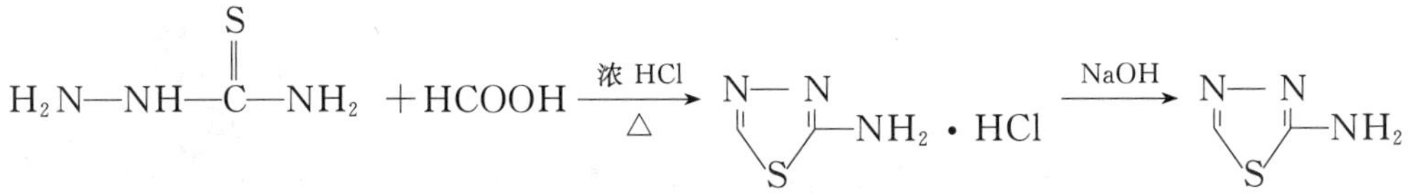

$$H_2N-NH-\underset{\underset{S}{\|}}{C}-NH_2 + HCOOH \xrightarrow[\triangle]{浓\ HCl} \underset{S}{\overset{N-N}{\diagup}}-NH_2 \cdot HCl \xrightarrow{NaOH} \underset{S}{\overset{N-N}{\diagup}}-NH_2$$

三、实验步骤

在装有温度计、回流冷凝管和搅拌器的 250 mL 三口烧瓶中,加入氨基硫脲 23 g(0.25 mol)、36%的浓盐酸 25 mL 和 85%甲酸 15 mL(0.29 mol),搅拌,缓慢升温至 80 ℃,搅拌反应 5 h,继续升温至回流,反应 4~5 h 后,冷却至室温。

用 40%氢氧化钠溶液中和,调节 pH 值到 9~10,待冷却后过滤,用水重结晶,烘干。产量约 21 g,熔点为 190~192 ℃。

四、思考题

实验中加 40%氢氧化钠溶液调节 pH 值为 9~10 的目的是什么?

-------- 实 验 指 导 --------

一、预习要求

(1)查阅氨基硫脲和甲酸的性质,了解 2-氨基-1,3,4-噻二唑的合成原理。
(2)预习电动搅拌器使用的相关知识。

二、实验说明

(1)主要反应物和产物的物理性质如表 2-43 所示。

表 2-43　主要反应物和产物的物理性质

名　称	相对分子质量	性状	熔点/℃	沸点/℃	相对密度	溶　解　性
氨基硫脲	91.14	白色固体	182～184	—	—	可溶于水及乙醇
甲酸	46.03	无色液体	8.3	100.8	1.220	与水混溶
2-氨基-1,3,4-噻二唑	101.13	白色固体	190～192	—	—	易溶于热水,难溶于冷水

(2)氨基硫脲使用前要先研碎,并烘干。

(3)反应结束后,用氢氧化钠中和,pH 值不要超过 10,否则溶液颜色变深,发生副反应,使收率降低。

(4)除盐酸可作催化剂外,硫酸、磷酸也可作催化剂。

三、安全事项

重结晶时,热的饱和水溶液要缓慢冷却,否则可能导致锥形瓶破裂。

实验 43　从茶叶中提取咖啡因与升华

一、实验目的

(1)学习使用脂肪提取器从茶叶中提取咖啡因的原理和操作方法。

(2)学会升华操作。

二、实验原理

咖啡因是存在于茶叶中的一种生物碱,其结构如下:

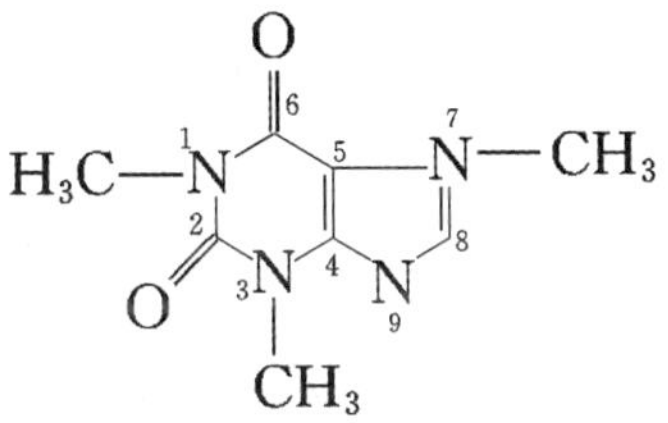

化学名:1,3,7-三甲基-2,6-二氧嘌呤。

咖啡因是弱碱性化合物,易溶于氯仿(12.5%)、水(2%)和乙醇(2%)等。常温下在苯中的溶解度为 1%(在热苯中为 5%)。

含结晶水的咖啡因是无色针状晶体、味苦,能溶于水、乙醇、氯仿等。在 100 ℃时即失去结晶水,并开始升华,120 ℃时升华相当显著,至 178 ℃升华很快。无水咖啡因的熔点是 237.5 ℃。

为了提取茶叶中的咖啡因,往往利用适当的溶剂(如氯仿、乙醇、苯等)在脂肪提取器中连续抽提,然后蒸去溶剂,即得粗咖啡因。

粗咖啡因还含有其他一些生物碱和杂质,利用升华可进一步提纯。

工业上,咖啡因主要通过人工合成制得。咖啡因具有刺激心脏、兴奋大脑神经和利尿等作用,因此可作为中枢神经兴奋药;它也是复方阿司匹林等药物的组分之一。咖啡因有一定毒性。

三、升华

升华是提纯固体化合物的一种方法。某些固体化合物具有较高的蒸气压,在其熔点温度下加热,不经过液态而直接变成蒸气,蒸气遇冷又直接变成固态,这种过程称为升华。例如,樟脑在 160 ℃时的蒸气压为 29.17 kPa,也就是说在未达到其熔点(179 ℃)以前就有很高的蒸气压。这时只要缓慢加热,使温度不要超过其熔点,樟脑就可以不经过熔化而直接变成蒸气,蒸气遇到冷的表面就凝结成固体。这样的蒸气压可以较长时间保持在其熔点的蒸气压(49.32 kPa)以下,直到樟脑蒸发完为止,这就是樟脑的升华。

升华的操作比重结晶简便,纯化后的产品纯度较高,但产品损失较大。升华是利用固体化合物的蒸气压或挥发度不同,将不纯净的固体化合物在熔点以下加热,利用产物蒸气压高、杂质蒸气压低的特点,使产物不经液化而直接气化、遇冷后固化(杂质则不能)来达到分离提纯固体化合物的目的。

升华操作只适用于被提纯的固体化合物具有较高的蒸气压,而固体化合物中杂质的蒸气压较低,这样才有利于分离。升华的方法有以下两种。

(1)常压升华。常用的常压升华装置如图 1-27 所示。

(2)减压升华。在常压下不易升华的物质可利用减压进行升华。减压升华装置如图 1-28 所示。

升华的操作须注意以下几点。

(1)被升华的固体化合物一定要干燥,如有溶剂会影响升华后固体的凝结。

(2)升华的温度一定要控制在被升华固体的熔点之下。

(3)减压升华时,一定要先打开安全瓶上的放空阀,然后停止抽气,否则水会倒吸,造成实验失败。

四、实验步骤

称取茶叶末 10 g,充分研细,放入脂肪提取器(见图 1-15)的滤纸套筒中,沿提取器壁向圆底烧瓶中加入 80 mL 95％乙醇,尽量保留较多乙醇在提取器中。随后,用水浴加热提取装置,连续提取 2～3 h,以 4～5 次虹吸为

样品液的制备

宜。最后一次待冷凝液刚刚虹吸下去时,立即停止加热。然后换成蒸馏装置,蒸馏回收提取液中大部分乙醇。把残液移到蒸发皿,拌入 3～4 g 生石灰粉,搅拌成糊状,放在恒温水浴锅上蒸干(如有条件,可最后将蒸发皿移至煤气灯上焙炒片刻,务必将水分全部除去。也可将蒸发皿放在石棉网上,压碎块状物,小火焙炒至粉末状,除尽水分)。冷却后,擦去沾在边上的粉末,以免在升华时污染产物。把刺有许多小孔的滤纸罩在蒸发皿上,并盖上一只合适的漏斗。将蒸发皿放在电热套上小心加热升华,电热套温度控制在 220 ℃左右。当纸上出现白色毛状结晶

时,暂停加热,冷却至 100 ℃左右,揭开漏斗和滤纸,仔细地把附在纸上和器皿上的咖啡因用小刀刮下。残渣经拌和后重新盖上滤纸和漏斗,适当用大火加热,当观察到褐色烟雾出现后立即停止加热,此时升华完全,冷却,收集得到的咖啡因。合并两次收集的咖啡因,测定熔点,称重,计算收率。若产品不纯,可用少量热水重结晶提纯(或放入微量升华管中再次升华)。

五、思考题

(1)本实验为什么使用脂肪提取器进行提取,使用时要注意哪些问题?

(2)何谓升华? 有何作用?

(3)在制备升华样品时用到了生石灰,它在咖啡因的提纯过程中的作用是什么?

实 验 指 导

一、预习要求

(1)掌握咖啡因的结构和性质,了解其提取、纯化的方法。

(2)了解脂肪提取器(见图 1-15)的结构特点,以及其在天然物提取实验中的应用。

二、实验说明

(1)咖啡因的有关物理性质如表 2-44 所示。

表 2-44　咖啡因的有关物理性质

名　称	相对分子质量	熔点/℃	升华温度/℃			溶　解　性
			100	120	178	
咖啡因	194.2	234.5 (无水咖啡因)	失去结晶水, 开始升华	升华 显著	升华 很快	易溶于氯仿(12.5%)、水(2%)、乙醇(2%)、苯(1%)、热苯(5%)

(2)从茶叶中提取咖啡因所需时间的长短主要取决于提取溶剂、加热方式和所用仪器等,一般提取到提取液颜色很淡时,即可停止。

(3)本实验以乙醇为萃取剂,也可选用氯仿作萃取剂。因为咖啡因在氯仿中溶解度大,需要较少的次数就可提取完全,且氯仿沸点低,挥发快,虹吸一次需要的时间也短,因此,为了节省时间,也可选用氯仿作萃取剂。但是,氯仿对人体有一定的毒性和麻醉作用,使用时蒸气尽量不要外漏,尤其是蒸残留溶剂时,最好在通风橱中进行。

(4)该实验中,生石灰起吸水和中和作用,以除去部分杂质。

(5)在萃取回流充分的情况下,升华操作的好坏是本实验成败的关键。在升华的过程中,始终都用小火间接加热。如果采用电热套,一般用调压器控制,最高温度约到 200 ℃,温度太高,会使产物冒烟炭化,滤纸炭化变黑。

三、安全事项

(1)脂肪提取器结构较特殊,有关部位易损坏,要细心操作,以免仪器破损。

(2)本实验采用有机溶剂提取,多处用到火源、电源,应预防火灾事故发生。在蒸干乙醇残液时,要防止浆状物溅出,造成烫伤。

实验 44　用酸醇法从黄檗中提取黄连素

一、实验目的

(1)学习用酸醇法从黄檗中提取黄连素的原理和操作方法。

(2)学习进行天然药物成分研究的基本方法。

二、实验原理

黄连素又称小檗碱,是一种具有多种功效的常用中药,临床上是一种抗菌消炎药,并有降低血清胆固醇的作用。近期研究发现,黄连素还具有降血糖、抗心律失常的功效。

自然界含黄连素的植物很多,如三棵针、黄檗、黄连等。黄檗在我国的资源丰富,黄连素的含量也较高。提取黄连素是利用其游离碱和硫酸盐在水中的溶解度较大,而其盐酸盐在水中的溶解度较小,先用硫酸将其提取出来,然后用盐酸酸化,使其形成溶解度较小的盐酸盐而析出。

小檗碱(berberine,$C_{20}H_{19}O_5N$)是黄色针状晶体,熔点为 145 ℃,可溶于乙醇,也溶于热水,难溶于乙醚、苯等。其结构式如下:

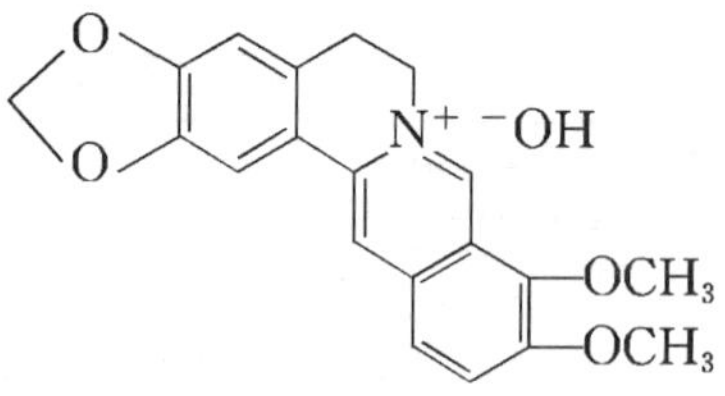

小檗碱(季铵碱式)

三、实验步骤

称取丝状或粉末状黄檗皮(干)10 g,置于 100 mL 圆底烧瓶中,加入 60 mL 50％乙醇溶液和 0.5 mL 硫酸溶液,接上球形冷凝管,加热回流 1～2 h,过滤。滤渣重复抽提两次。合并滤液,浓缩至原体积的 1/4,然后加入石灰乳(Ca(OH)$_2$),调至 pH 值为 9～10,放置,有大量沉淀生成,过滤。滤液在不断搅拌下,加入固体氯化钠 4 g,再加盐酸,调至 pH 值为 1～2,静置,过滤,用少量水洗涤,抽干,于 70～80 ℃ 烘箱内干燥,得黄连素盐酸盐固体。称重,计算收率。

若要制得较纯的盐酸小檗碱,可将提取所得固体用水重结晶,加少许活性炭,趁热过滤,向滤液内滴加盐酸至 pH 值为 1～2,静置,冷却,即析出黄色黄连素盐酸盐,抽滤,用少量蒸馏水洗去过量盐酸,至 pH 值为 5～6,于 70～80 ℃ 干燥,可得较纯产品。

四、思考题

(1)提取黄连素常用的方法有哪几种?

(2)本实验中,加入石灰乳的作用是什么?

(3)为什么要加入固体氯化钠?

-------------------------------- 实 验 指 导 --------------------------------

一、预习要求

(1)了解黄连素的结构、性质及其提取的原理。

(2)熟悉回流、重结晶的原理及操作。

二、实验说明

(1)不少黄连素是人工合成的产品。我国中草药制作源远流长,中药材资源丰富,可从多种天然物中提取黄连素,从黄檗中提取黄连素较为普遍。黄檗有两大类,即关黄檗和川黄檗,川黄檗的黄连素含量高于关黄檗,最高可达 6%～7%。常用的提取方法有酸水法、石灰法、乙醇法、液膜法等。本实验采用的酸醇法提取效果较好,用广东连南的黄柏皮提取,提取率可达6.2%。

(2)黄檗树皮可磨成粉末,切成片状,或刨成丝状,主要由其提取方法而定。一般采用粉状,过筛,提取较完全,但处理有些麻烦。本法采用的丝状可达到预期目的。

(3)为减少提取时间,采用脂肪提取器,效果更佳。

(4)滤液加入氯化钠,再用盐酸调 pH 值至 1～2,搅拌,静置(一般静置过夜),让其缓慢沉淀。

(5)烘干温度不宜太高,否则产品颜色加深,变为棕色。

(6)从黄檗中提取的黄连素,粗产品中除黄连素盐酸盐外,还有巴马亭、药根碱,因三者结构类似、药效相近,如要更纯的产品,除重结晶(多次)外,也可用色谱法分离、提纯。

三、注意事项

做好废渣、污水的处理。

2.3　性 质 实 验

实验 45　脂肪烃和芳香烃的性质

一、实验目的

(1)了解烃类化合物的不同化学性质。

(2)比较烷烃、烯烃、炔烃、环烷烃、芳香烃,并掌握鉴别它们的主要化学方法。

二、实验内容

1. 溴的四氯化碳溶液实验

于干燥的小试管中加入 0.5 mL 2％溴的四氯化碳溶液,加入 0.3 mL 试样(用乙炔时,则在试剂溶液中通入乙炔气体 1～2 min,下同),摇荡,观察现象,说明原因。将无变化的试管置于阳光下,观察变化并解释之。

样品:环己烷、环己烯(或粗汽油)、乙炔、苯、甲苯。

2. 高锰酸钾溶液实验

在小试管中加入 0.5 mL 0.5％的高锰酸钾水溶液和几滴浓硫酸,然后加入 0.3 mL 试样,用力振荡数分钟,观察高锰酸钾溶液是否褪色,说明原因。

样品:环己烷、环己烯、乙炔、苯、甲苯。

3. 氧化银的氨水溶液实验

取 1％硝酸银溶液 1 mL,加入 1 滴 10％氢氧化钠溶液,再滴入 2％氨水溶液,摇动,直至开始形成的氢氧化银沉淀刚溶解为止。在此溶液中加入几滴试样,观察现象并说明原因。

样品:环己烷、环己烯、乙炔、甲苯。

4. 芳香烃的溴代反应

于干燥的试管内加入 10 滴试样和 10 滴 2％溴的四氯化碳溶液,摇动均匀,然后加入少量铁粉再继续摇荡,观察现象,如果温度低、反应困难,可将试管放入 60～70℃ 水浴中加热几分钟,观察现象并说明原因。

样品:苯、甲苯。

5. 芳香烃的 Friedel-Crafts 反应

取一支干燥洁净的试管,加入约 0.1 g 无水三氯化铝,用强火灼烧试管,使三氯化铝升华至试管壁上,试管口装好干燥装置,冷却至室温。在另外一支洁净的试管里加入 8 滴氯仿和 5 滴无水试样,将所得溶液沿第一支试管壁倒入。观察现象并说明原因。

样品:甲苯、氯苯。

6. 磺化反应

在一干燥的大试管中加入 10 滴甲苯,然后小心滴入浓硫酸 1 mL,这时管内液体分成两层,小心摇匀后将试管放入沸水浴中加热,并不时取出摇匀管内溶液,待甲苯与硫酸不分层而呈均一状态时,表明作用已完成,取出试管用水冷却。将管内反应液倒进盛有 15 mL 水的小烧杯中,观察生成物能否溶于水。

三、思考题

(1)现有 4 个瓶子,分别装有环己烷、1-己炔、甲苯、苯,如何用简便的化学方法鉴定各个瓶内装的是什么物质?

(2)进行炔化银(或炔化亚铜)实验时,应注意哪些安全问题?

(3)烷烃的溴代反应为什么不用溴水而用溴的四氯化碳溶液?

(4)甲苯的卤代、磺化等反应为什么比苯容易进行?

实验指导

一、预习要求

(1)了解烷烃、烯烃、炔烃和环烷烃结构特点与化学性质的关系。

(2)学习芳香烃结构特点和主要的化学反应。

(3)学习取代基对苯环反应能力的影响。

二、实验说明

(1)烷烃和烯烃的样品可用液体石蜡和粗汽油代替。液体石蜡是比较高级的饱和烃,为一混合烷烃($C_{18}H_{38}\sim C_{22}H_{46}$),具有烷烃的一切通性。粗汽油中通常含少量不饱和烃,若是石油裂解的产品,则不饱和烃含量更多。

(2)在高锰酸钾溶液实验中,有时加苯的试管会发现有变色现象,主要原因是苯中含有少量甲苯,或者硫酸中含有微量还原性物质,也可能是水浴温度过高,加热时间过长。

(3)乙炔的制备:在 250 mL 蒸馏烧瓶中加入 10 g 碳化钙,瓶口装上滴液漏斗,支管用橡胶管与导管相接,滴液漏斗内盛饱和食盐水,打开滴液漏斗活塞使盐水逐滴加到烧瓶中,即有乙炔气体产生。

反应式为

$$CaC_2 + H_2O \longrightarrow HC\equiv CH\uparrow + Ca(OH)_2$$

(4)工业碳化钙中常含有硫化钙、磷化钙、砷化钙等杂质,与水作用时产生硫化氢、磷化氢、砷化氢等有毒气体,这些杂质夹杂在乙炔中,使制得的乙炔具有强烈的恶臭。制备乙炔时,如果气体未通过重铬酸-硫酸溶液洗涤,则由于杂质的影响,生成的乙炔银不是白色的,而是夹有黄色、黑色的沉淀。

(5)芳香烃能起 Friedel-Crafts 反应,生成碳正离子,所以显色。碳正离子的通式为 Ar_3C^+ $[AlCl_4]^-$,生成的颜色与化合物有关,如表 2-45 所示。

表 2-45　Friedel-Crafts 反应生成的化合物及其颜色

化合物类型	呈现颜色	化合物类型	呈现颜色
烷	无色或淡黄色	苯及其同系物	橙色至红色
萘	蓝色	联苯	紫红色
菲	紫红色	蒽	绿色

反应过程中颜色从无水三氯化铝表面开始产生,逐渐扩散,最后使整个溶液带色。芳香烃与氯仿和三氯化铝反应所产生的颜色是有特征性的,可用于鉴定芳香烃。

(6)甲苯难溶于水,但生成的对甲苯磺酸可溶于水。

三、安全事项

(1)制备乙炔的装置应放在通风橱内。

(2)炔金属化合物易爆炸,实验后要立即用稀硝酸或稀盐酸加热处理。

(3)Friedel-Crafts 反应开始时,反应剧烈,放热,并有大量的会在空气中强烈冒烟的氯化氢生成。实验时要注意排风,或在通风橱内进行。

实验 46　卤代烃及醇、酚、醚的性质

一、实验目的

(1)通过实验学习卤代烃、醇、酚、醚的性质。

(2)掌握卤代烃、醇、酚、醚的主要鉴别方法。

二、实验内容

1. 卤代烃与硝酸银乙醇溶液的反应

在干燥的试管里分别加入 3 滴(约 0.2 mL)试样,然后各加入 1 mL 1%硝酸银乙醇溶液,边加边摇动试管,注意每支试管里是否有沉淀出现,记下出现沉淀的时间。大约 5 min 后,再把没出现沉淀的试管放在水浴里

卤代烃与硝酸银
乙醇溶液作用

加热至沸腾。要注意观察这些试管里有没有沉淀出现并记下出现沉淀的时间。解释本实验所发生的现象。

样品:正氯丁烷、仲氯丁烷、叔氯丁烷、氯化苄、氯苯。

2. 硝酸铈铵实验

取 4 支试管,分别加入 5 滴样品或样品饱和水溶液,然后各滴加 2 滴硝酸铈铵试剂,摇动试管,观察溶液颜色的变化。

样品:95%乙醇溶液、庚醇、甘油、饱和甘露醇水溶液。

3. 醇与卢卡斯(Lucas)试剂作用

取 3 支干燥试管,分别加入 5~6 滴试样,然后各加 1 mL 卢卡斯试剂,用软木塞塞住试管口,摇动试管后静置,观察变化。如不见混浊,则放在水浴中温热,观察现象并说明原因。

醇与卢卡氏
试剂作用

样品:正丁醇、仲丁醇、叔丁醇、烯丙基醇(或苄醇)。

4. 硝铬酸实验

取 3 支试管,分别加入 1 mL 7.5 mol/L 硝酸和 3~5 滴重铬酸钾溶液,再分别加入 3 种醇的样品,摇匀后观察现象并解释之。

样品:正丁醇、仲丁醇、叔丁醇。

5. 三氯化铁实验

在试管中加入 0.5 mL 1%样品水溶液或稀乙醇溶液,再加入 1%三氯化铁水溶液 1~2 滴,观察有无颜色变化,并解释原因。

样品:苯酚、间苯二酚、β-萘酚、乙醇。

6. 苯酚与溴水的反应

在试管中加入 0.5 mL 1％苯酚水溶液,逐渐加入溴水溶液,溴水不断褪色,并生成白色沉淀。如果继续加入溴水,会出现什么现象? 为什么?

7. 乙醚中过氧化物的检验

在试管中加入 10％的硫酸 2～3 滴和 2％碘化钾溶液 1 mL,再加入 1 mL 要检验的乙醚,用力振荡,有过氧化物存在时,乙醚层很快变成黄色或棕黄色,表示有 I_2 游离出来。

三、思考题

(1)现有 5 瓶标有 A、B、C、D、E 标签的试剂,已知这 5 种试剂为环己醇、乙醇、叔丁醇、叔氯丁烷和苯酚水溶液,如何鉴别出每一个瓶子分别装的是哪一种试剂?

(2)卤代烃与硝酸银作用,为什么用硝酸银乙醇溶液而不用水溶液?

(3)如何鉴别醇和酚? 它们都含有羟基,为什么性质不同?

---------------------- **实 验 指 导** ----------------------

一、预习要求

(1)学习卤代烃碳卤键的结构特点和它们的特性。

(2)学习双键位置对卤素活泼性的影响。

(3)学习醇、酚结构的差异和它们化学性质的不同及鉴定方法。

(4)了解醚的性质及其过氧化物的生成。

二、实验说明

(1)卤代烃的样品也可用 1-溴丁烷、2-溴丁烷、叔丁基溴、溴化苄和溴苯来代替。一般来说,活泼的卤代烃在 3 min 内有沉淀出现,活性稍差的要加热后才能出现沉淀,而活性最差的卤代烃即使加热后也很难出现沉淀。

(2)卤代烃实验所用的试管一定要用蒸馏水冲洗 1～2 次,否则由于自来水中含有微量的离子(Cl^-、CO_3^{2-} 等),会与硝酸银乙醇溶液反应生成沉淀,干扰实验结果。

(3)硝酸铈铵与含 10 个以下碳的醇反应能生成红色配合物,借此可用来鉴定醇。其反应式为

$$(NH_4)_2[Ce(NO_3)_6]+ROH \longrightarrow (NH_4)_2Ce(RO)(NO_3)_5+HNO_3$$

但有些醇生成的红色配合物颜色很快就会消失,这是因为生成的红色配合物是醇类被 Ce(Ⅳ)溶液氧化时生成的中间体,再继续反应时,有色的 Ce(Ⅳ)配合物被还原成无色 Ce(Ⅲ)阳离子,所以颜色消失。

Ce(Ⅳ)被还原的速率随醇的结构而异。表 2-46 给出的是红色的 Ce(Ⅳ)配合物在 20℃时还原成无色 Ce(Ⅲ)阳离子所需的大致时间。

表 2-46　Ce(Ⅳ)配合物还原成 Ce(Ⅲ)阳离子所需的时间

名　称	还原所需时间	名　称	还原所需时间
甘露醇	30 s	苄醇	4 h
甘油	10 min	甲醇	7 h
葡萄糖	1 min	乙醇	5.5 h
麦芽糖	8 min	1-丁醇	4.1 h
果糖	30 s	—	—

(4)卢卡斯试剂与不同类型的醇(一级醇、二级醇、三级醇)反应速度不同,可用以区别一级醇、二级醇、三级醇。反应后生成不溶于该试剂的氯代烷,故出现混浊分层。实验时试管一定要干燥,否则影响效果。此方法只适用于 $C_3 \sim C_6$ 的醇。

(5)2,4,6-三溴苯酚再与适量的溴水作用,就被氧化成 2,4,4,6-四溴代环己二烯酮。

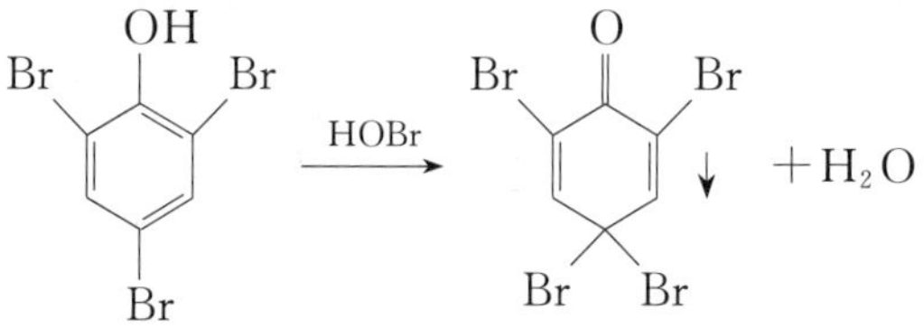

(淡黄色)

2,4,4,6-四溴代环己二烯酮不溶于水,易溶于苯。

(6)许多烷基醚与空气接触,会慢慢生成过氧化物。

$$CH_3CH_2OCH_2CH_3 \xrightarrow{O_2} \underset{\displaystyle \mid \atop \displaystyle OOH}{CH_3CH}{-}OCH_2CH_3 \xrightarrow[\text{(氢过氧化乙醚)}]{H_2O} \underset{\displaystyle \mid \atop \displaystyle OOH}{CH_3CHOH} + CH_3CH_2OH$$

$$n\underset{\displaystyle \mid \atop \displaystyle OOH}{CH_3CHOH} \longrightarrow nH_2O + \left[\underset{\displaystyle \mid \atop \displaystyle CH_3}{CHOO}\right]_n \quad (n=1 \sim 8)$$

有机过氧化物是强氧化剂,能从酸性的碘化钾溶液中释放出游离碘。碘易溶于乙醚,在乙醚中因浓度不同而显黄色或棕色。

三、安全事项

卢卡斯试剂是浓盐酸-无水氯化锌的溶液,酸性较强,新配制的试剂还会有氯化氢烟雾冒出。吸入强酸烟雾会刺激呼吸道,故使用卢卡斯试剂时须在通风橱内进行,并要注意勿被浓酸灼伤。

实验 47　醛、酮、羧酸及其衍生物的性质

一、实验目的

(1)了解醛、酮、羧酸及其衍生物的化学性质。

(2)掌握鉴别它们的化学方法。

二、实验内容

1. 与 2,4-二硝基苯肼作用

在试管中,各加入 1 mL 新配制的 2,4-二硝基苯肼试剂,然后再分别加入 3～4 滴样品,用力振摇,静置片刻,观察有何现象。

样品:乙醛、苯甲醛、丙酮、异丙醇、乙酰乙酸乙酯、乙酸。

2. 碘仿反应

取 3 mL 水、0.5 mL 碘溶液和 3～4 滴样品放入试管中,再滴加 10% 氢氧化钠溶液,振荡直至碘的棕色近乎消失。若不出现沉淀,可在温水浴中温热数分钟,冷却后观察,比较所得结果。

碘仿反应

样品:乙醛水溶液、正丁醛、丙酮、异丙醇。

3. Tollens 实验(银镜反应)

在洁净的试管中,加入 4 mL 1% 硝酸银溶液和 1 滴 10% 氢氧化钠溶液,再逐渐滴加 2% 氨水,直到生成的沉淀恰好溶解为止(不宜多加,否则影响实验的灵敏度)。然后将此溶液分置于 4 个试管中,向其中 3 个试管中分别加入 3～4 滴样品,振荡混匀,静置片刻。若无变化,可在温水浴中温热 2 min,有银镜生成,表明是醛类化合物(或是甲酸)。

样品:乙醛水溶液、苯甲醛、丙酮。

4. 斐林(Fehling)实验

在试管中各加 1 mL 斐林试剂 A 和 1 mL 斐林试剂 B,用力摇匀,然后分别加 10 滴样品,摇匀后,用沸水浴加热,注意观察有何现象并解释之。

样品:甲醛、乙醛、苯甲醛、丙酮。

5. 酸性实验

在试管中,分别加入 5 滴(或 0.5 g)样品,再各加 2 mL 蒸馏水。摇动试管,然后分别用干净的玻璃棒蘸取溶液,在刚果红试纸上画线。比较各线条的颜色深浅,并解释之。

在上述试管中,分别小心地加入 10% 氢氧化钠溶液,观察有何变化,并解释之。

样品:苯酚、冰醋酸、草酸。

6. 酯的水解

在 3 支试管中,各加入 1 mL 乙酸乙酯和 1 mL 水,然后在第 1 支试管中加入 1 mL 3 mol/L 硫酸,在第 2 支试管中加入 1 mL 6 mol/L 氢氧化钠溶液。把 3 支试管同时放入 60～70 ℃的水浴中加热,边摇动边观察,比较 3 支试管中酯层消失的速度,并解释之。

7. 乙酰乙酸乙酯酮式与烯醇式的互变异构

取 1 支试管,加入 10 滴乙酰乙酸乙酯和 2 mL 乙醇,混合均匀后滴加 1～2 滴 1% 三氯化铁溶液,观察反应液的颜色。再加入数滴饱和溴水,会出现什么变化?放置后又会怎样?观察现象并解释前后颜色变化的原因。

三、思考题

(1)现有 5 瓶标有 A、B、C、D、E 标签的试剂,已知其为仲丁醇、正丁醚、3-戊酮、丁酮、乙醛、苯甲醛和对甲苯酚中的 5 个。试用简单的化学方法将它们一一鉴别出来。

(2)乙酰乙酸乙酯能与下列试剂作用吗?

$FeCl_3$ Br_2 2,4-二硝基苯肼

(3)举例说明能与三氯化铁显色的有机化合物的结构特点。

实验指导

一、预习要求

(1)学习醛、酮结构上的差异及鉴别方法。

(2)学习羧基的结构特点,理解羧酸的酸性及其衍生物的化学性质。

(3)学习具有酮式和烯醇式互变异构化合物的结构特点,解释乙酰乙酸乙酯的互变异构现象。

二、实验说明

(1)Tollens实验用的试管必须十分干净才能形成明亮的银镜,否则只能得到黑色的银。

(2)苯甲醛的 Tollens 实验中如不出现银镜,可多加 1 滴氢氧化钠或几滴 2% 氨水,不断摇匀,使沉于管底的油珠分散,室温下就可得到银镜。若仍无银镜产生,在温水浴中温热片刻就会有银镜产生。这是因为苯甲醛久置会自动氧化成苯甲酸,影响溶液的碱性。

(3)碘仿反应用碱量不要过多,加热时间不宜过长,温度不能过高,否则会使生成的碘仿再消失,造成判断错误。

$$CHI_3 + 4NaOH \longrightarrow HCOONa + 3NaI + 2H_2O$$

(4)在斐林实验中,甲醛被氧化成甲酸,仍有还原性,可将氧化亚铜继续还原为金属铜,呈暗红色粉末或铜镜析出。

(5)刚果红是一种指示剂,其变色范围从 pH 值为 5(红色)到 pH 值为 3(蓝色);刚果红试纸与弱酸作用显蓝黑色,与强酸作用显稳定的蓝色。

刚果红的结构式为

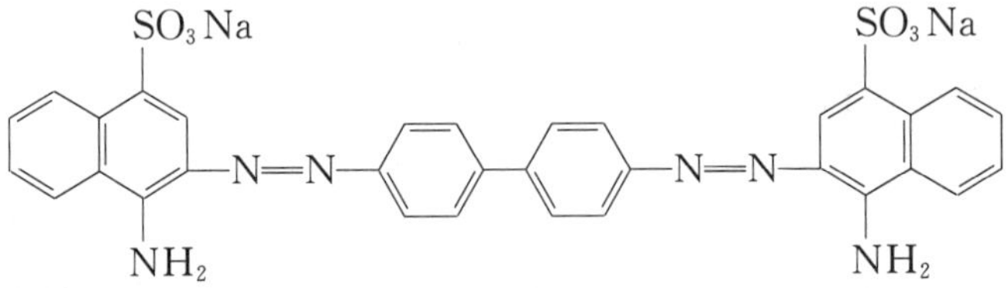

(6)乙酰乙酸乙酯的烯醇式在不同的溶液中有不同的含量,例如乙醇作溶剂时约含烯醇式 12%。

因为烯醇式存在,加三氯化铁后显紫红色,再加溴水后,溴与烯醇式加成,最终使烯醇式转变为酮式的溴代衍生物。反应式如下:

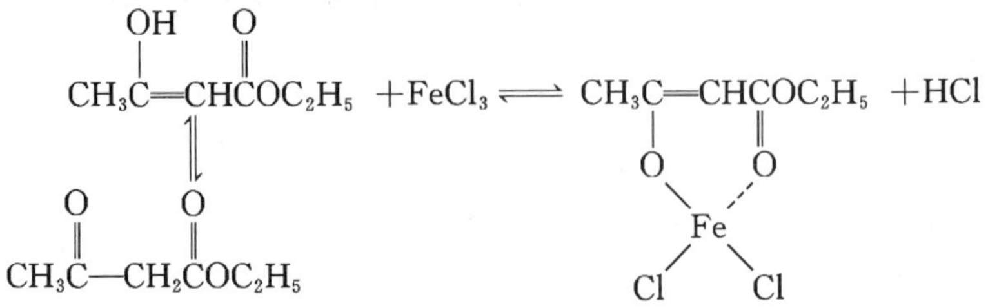

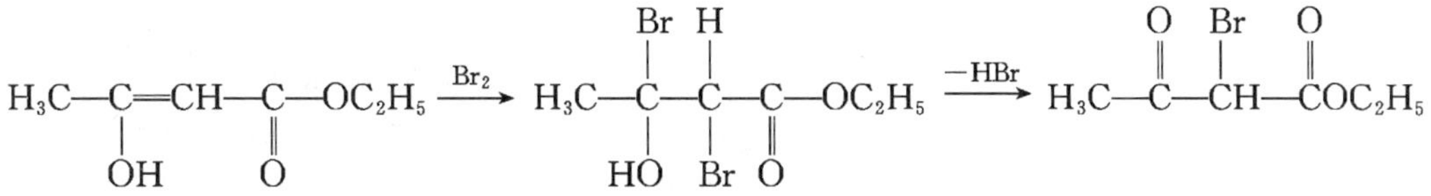

$$H_3C-C=CH-C-OC_2H_5 \xrightarrow{Br_2} H_3C-\underset{\underset{HO}{|}}{\overset{\overset{Br}{|}}{C}}-\underset{\underset{Br}{|}}{\overset{\overset{H}{|}}{C}}-\underset{\underset{O}{\|}}{C}-OC_2H_5 \xrightarrow{-HBr} H_3C-\underset{\|}{\overset{\overset{O}{\|}}{C}}-\underset{\underset{Br}{|}}{CH}-\underset{\overset{O}{\|}}{C}OC_2H_5$$

烯醇式既然已不存在,原来与三氯化铁所显的颜色也就应该消失,但因酮式与烯醇式之间具有一定的动态平衡关系,为了恢复已被破坏了的平衡状态,又有一部分酮式转变为烯醇式,它与原来已存在于反应液中的三氯化铁相遇后又显紫红色,此现象证明了乙酰乙酸乙酯的酮式与烯醇式是同时存在、相互转变的。

三、安全事项

Tollens 试剂久置后将形成氮化银(AgN₃)沉淀,容易爆炸,故必须临时配制。实验时,切忌用灯焰直接加热,以免发生危险。实验完毕后,应加入少许硝酸洗去银镜。

实验 48　胺及氨基酸的性质

一、实验目的

(1)了解胺及氨基酸的性质。
(2)掌握用简单的化学方法区别伯胺、仲胺和叔胺以及鉴别氨基酸。

二、实验内容

1. 溶解度和碱性实验

取 3～4 滴试样,逐渐加入 1.5 mL 水,观察是否溶解。然后加入 10％盐酸,有何现象发生? 为什么? 再加入 10％氢氧化钠溶液,又有何现象? 为什么?

样品:苯胺。

2. 兴斯堡(Hinsberg)反应

在试管内加入 2 滴试样、2 mL 10％氢氧化钠溶液和 3 滴苯磺酰氯。塞住管口剧烈振荡,并在水浴中温热到苯磺酰氯气味消失为止。

按下列现象来区别伯胺、仲胺、叔胺:

若溶液中无沉淀析出,但加入盐酸酸化后析出沉淀(加盐酸时须冷却并不时加以摇荡,否则开始析出油状物,冷后凝结成一块固体),则为伯胺;

若溶液中析出油状物或沉淀,而且沉淀不溶于酸,则为仲胺;

若溶液中仍有油状物,加数滴浓盐酸酸化后即溶解,则为叔胺。

样品:苯胺、N-甲基苯胺、N,N-二甲基苯胺。

3. 苯胺的溴代作用

在装有 5～6 mL 水的试管中加入 1 小滴苯胺,振荡使其溶解。取配成的水溶液 1 mL,加入 3 滴饱和的溴水。观察有何现象,并解释之。

4. 苯胺的重氮化及偶联反应

在试管中加入 0.2 mL 苯胺、0.6 mL 浓盐酸和 2 g 左右的冰屑。把试管放在冰浴中冷却,保持温度在 0～5 ℃。一边搅拌,一边逐渐地加入 3%亚硝酸钠溶液,至反应液刚刚能使碘化钾淀粉试纸变蓝而且搅拌 2 min 后仍能使该试纸变色时,即为重氮化的终点,得到的是完全透明的溶液。

取 1～2 mL 上述透明溶液,加入数滴 β-萘酚溶液。观察现象变化,并说明原因。

氨基酸与茚
三酮作用

5. 氨基酸、蛋白质与茚三酮反应

在试管中(标明号码)分别加入 1%的试样 1 mL,再分别滴加茚三酮试剂 2～3 滴,在沸水浴中加热 10～15 min,观察有什么现象。

样品:甘氨酸、色氨酸、鸡蛋白溶液、尿素。

6. 缩二脲的生成和缩二脲的反应

取一干燥试管,加入尿素约 0.3 g,小心加热试管内的固体,首先看到尿素熔化,继而有氨的气味放出,可用湿的红色石蕊试纸放在管口试验,继续加热使试管内的物质逐渐凝固,此时产生的为缩二脲。放冷试管,加入热水 2 mL,尽量使缩二脲溶解,然后吸取上层溶液移入另一试管中,加入 10%氢氧化钠溶液 3～4 滴和 2%硫酸铜溶液 3～4 滴,观察有何颜色出现。

三、思考题

(1)如何用化学方法区别苯胺和苯酚?

(2)比较苯胺和苯进行溴代反应的难易,说明理由。

(3)什么叫做缩二脲反应?

实 验 指 导

一、预习要求

(1)了解脂肪胺与芳香胺结构与化学性质的关系。

(2)学习三类胺的鉴别方法。

(3)学习氨基酸和蛋白质的显色反应。

二、实验说明

(1)N,N-二甲基苯胺和苯磺酰氯一同加热时,可生成蓝紫色染料,此时加酸也很难溶解。

(2)若苯磺酰氯水解不完全,它与 N,N-二甲基苯胺混溶在一起,会沉于底部。此时若加入数滴浓盐酸酸化,则 N,N-二甲基苯胺虽溶解,但苯磺酰氯仍以油状物存在,往往会得出错误的结论。

因此,加盐酸酸化前,必须使苯磺酰氯水解完全。可用下法判断其水解是否完全。

在温水浴(70 ℃左右)中温热至沉在底部的 N,N-二甲基苯胺全部浮到面上,下部无油状物为止;或用另一试管不加 N,N-二甲基苯胺,作空白对比。

(3)苯胺与亚硝酸反应所得的清亮溶液为苯胺重氮盐溶液。偶联用的 β-萘酚的配制方法为:将 4 g β-萘酚溶于 40 mL 5％氢氧化钠溶液中。

(4)当把固体尿素加热到其熔点以上(150～160 ℃)时,2 分子尿素脱去 1 分子氨而产生缩二脲。反应式为

$$2H_2N-\overset{\overset{\displaystyle O}{\|}}{C}-NH_2 \xrightarrow{\triangle} H_2N-\overset{\overset{\displaystyle O}{\|}}{C}-\overset{\overset{\displaystyle H}{|}}{N}-\overset{\overset{\displaystyle O}{\|}}{C}-NH_2 +NH_3$$

(5)在缩二脲反应中,硫酸铜溶液不能过量,否则硫酸铜在碱性溶液中产生的氢氧化铜沉淀会掩蔽所产生的紫色。

三、安全事项

苯胺及苯胺衍生物如被吸入体内或被皮肤吸收均可引起中毒,取用时应避免与皮肤接触。若不慎触及皮肤,应立即用水冲洗,再用肥皂擦洗。

实验 49　糖的性质鉴定

一、实验目的

(1)了解糖类物质的特征、性质。
(2)掌握单糖、多糖的某些鉴别方法。

二、实验内容

1. α-萘酚实验(Molisch 实验)

在试管中加入 0.5 mL 5％的样品的水溶液,滴入 2 滴 10％ α-萘酚的乙醇溶液,混合均匀后将试管倾斜 45°,沿管壁慢慢加入 1 mL 浓硫酸(勿摇动),硫酸在下层,试液在上层,若两层交界处出现紫色环,表示溶液含有糖类化合物。

α-萘酚实验

样品:葡萄糖、蔗糖、淀粉、滤纸浆。

2. 本尼迪特(Benedict)实验、斐林(Fehling)实验、吐伦(Tollens)实验

取 Benedict 试剂 1 mL 置于试管内,加入样品 5 滴,振荡,水浴加热,注意颜色变化及是否有沉淀析出。

分别再进行斐林实验和吐伦实验。

本尼迪特实验　　　　斐林实验　　　　吐伦实验

样品:葡萄糖、果糖、蔗糖、麦芽糖。

3. 间苯二酚反应(Seliwanoff 反应)

在试管中,分别加入 10 滴间苯二酚-盐酸试剂,再各加 1 滴 5％的样品的水溶液,混合均匀

后,将试管同时放入沸水浴中加热数分钟,比较各试管出现颜色的次序。

样品:葡萄糖、果糖、蔗糖、淀粉。

4.成脎反应

成脎实验

在试管中加入 1 mL 5％的样品的水溶液,再加入 1 mL 苯肼试剂,在沸水浴中加热并不断振摇,比较产生糖脎的速度,记录成脎的时间,并在低倍显微镜下观察脎的结晶形态。

样品:葡萄糖、半乳糖、蔗糖、麦芽糖。

5.淀粉的水解过程与碘液的颜色反应

取 1％的淀粉溶液 10 mL 倒入小锥形瓶中,再加入 20％硫酸 1 mL,在石棉网上煮沸。在加热过程中,可不断补充一些水以保持原来的体积。然后每隔 3～5 min,用吸管吸取水解液 2 滴,置于滴板的孔穴中,冷却,加入 1 滴 0.1 ％碘液,观察显色结果,直至加入碘液颜色不变为止。

最后,取水解液 1 mL 放入试管中,加入 10 ％氢氧化钠溶液中和到微碱性,再加 10 滴 Benedict试剂并加热,观察有何现象产生,并比较与未水解的淀粉液有无不同。

6.葡萄糖的旋光度测定

取一支长度适宜的干净测定管,先用少量配好的葡萄糖溶液冲洗 2 次,然后在测定管内装满葡萄糖溶液,放在旋光仪的槽中,旋转度盘手轮使视场三部分亮度一致,记录度盘上的度数。从这一度数中减去测蒸馏水时的度数,即得葡萄糖溶液在测定条件下的旋光度,根据公式即可计算葡萄糖的比旋光度。

测定新配制的葡萄糖溶液的旋光度,并计算其比旋光度,以后每隔 0.5～1 h 测一次旋光度,连续测定 4～6 次,观察有何现象,并解释原因。

测定管用完后要及时将溶液倒出,用蒸馏水洗涤干净,擦干收好。所有镜片均不能直接用手擦,须用镜头纸擦。

三、思考题

(1)怎样鉴别葡萄糖、麦芽糖、蔗糖和淀粉?

(2)哪些糖类可以形成相同的脎? 为什么?

------------------------- **实 验 指 导** -------------------------

一、预习要求

(1)学习单糖、二糖和多糖的结构及其主要的化学性质。

(2)学习单糖、多糖的鉴别方法。

(3)阅读并领会旋光度测定的原理和操作方法。

二、实验说明

(1)糖类化合物与浓硫酸作用生成糠醛及其衍生物(如羟甲基糠醛等),其显色原因可能是

糠醛及其衍生物与 α-萘酚起缩合作用,生成紫色的缩合物。反应式为

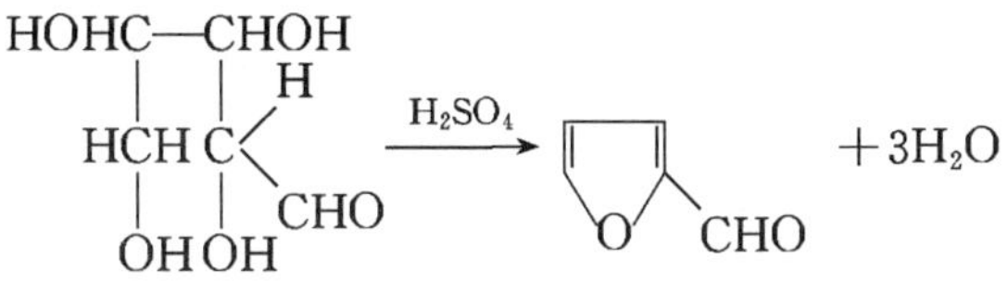

五碳糖

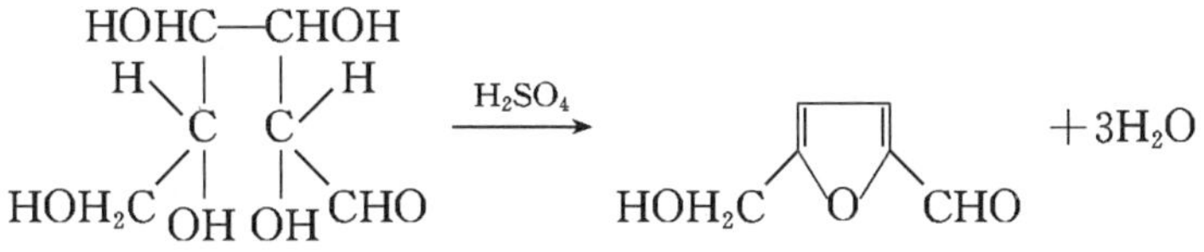

六碳糖

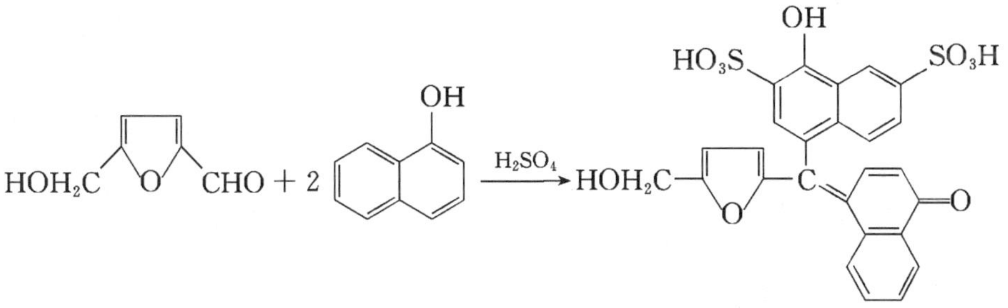

（紫色）

（2）Benedict 试剂为 Fehling 试剂的改进,试剂稳定,不必临时配制,同时它还原糖类时反应很灵敏。

（3）酮糖与间苯二酚溶液反应生成鲜红色沉淀,溶于乙醇呈鲜红色。但若加热时间过久,葡萄糖、麦芽糖、蔗糖也有此反应。这是因为麦芽糖和蔗糖在酸性介质下水解分别生成葡萄糖或葡萄糖和果糖。葡萄糖浓度高时,在酸存在下,能部分转化成果糖。

本实验应注意的是:盐酸和葡萄糖的浓度不要超过 12%,观察颜色反应时加热不得超过20 min。

（4）苯肼试剂由苯肼加稀醋酸配制而成。蔗糖不与苯肼作用生成脎,但经过长时间的加热,可能水解生成葡萄糖和果糖,因而也有少量糖脎出现。为了比较生成脎所需的时间,药品用量要准确,并同时进行实验。各试管标明号码。成脎速度是果糖大于葡萄糖,而麦芽糖脎则要冷却才析出。

（5）测定旋光度时样品溶液必须澄清,不应混浊或含有混悬的小颗粒,否则,应预先过滤。

每次测定之前要用溶剂做空白实验,校正零位。测定样品后,再测一次空白,以确定在测定时零位有无变化,如果第二次校正时发现零位有变动,则应重新测定旋光度。

三、安全事项

(1)苯肼毒性较大,操作时应小心,防止试剂溢出或沾到皮肤上,如不慎触及皮肤,应先用稀醋酸洗,继而以水洗。

(2)使用浓硫酸时要小心,防止被酸灼伤。

第三部分

设计性实验、综合实验

实验 50　三组分(二甲苯、苯胺、苯甲酸)混合物的分离

一、实验目的

学习设计用简单的化学方法分离有机混合物的实验方案,并完成分离、纯化实验。

二、三组分混合物简介

二甲苯,无色液体,易燃,沸点 $137\sim140$ ℃,不溶于水,溶于乙醇和苯等溶剂中。苯胺,无色油状液体,凝固点 -6.2 ℃,沸点 184.4 ℃,水中溶解度 3.4%(20 ℃),呈弱碱性。苯甲酸,无色片状晶体,熔点 122.1 ℃,沸点 249 ℃,微溶于水。苯甲酸为弱酸,酸性比脂肪酸强。

三、设计提示

(1)该三组分混合物可根据其酸碱性和在水中的溶解度不同,采用稀酸和稀碱进行分离提纯。液体样品用量为 $10\sim20$ mL,固体为 $1\sim2$ g。

(2)苯甲酸在水中有一定的溶解度(17 ℃时,100 mL 水能溶解 0.21 g 苯甲酸),所以,在用水处理含苯甲酸的有机混合物时,水不宜太多。用盐酸处理有机混合物时,苯胺盐酸盐的水溶液中含有少量苯甲酸,所以,苯胺盐酸盐水溶液加氢氧化钠溶液分出苯胺后的水层不要弃去,加盐酸酸化到刚果红变蓝,可析出苯甲酸。

(3)苯胺有毒,不要沾到皮肤上。若不慎沾到皮肤上,应及时处理,处理方法见实验 35。

四、参考文献

(1)高占先. 有机化学实验[M]. 4 版. 北京:高等教育出版社,2004.
(2)郭书好. 有机化学实验与指导[M]. 广州:暨南大学出版社,1996.

实验 51　有机化合物的鉴别实验

一、实验目的

学习设计鉴别未知有机化合物的方案,并进行实验,以培养分析问题、解决问题的能力。

二、未知有机化合物简介

本实验待鉴别的未知物共分 3 组,每组有 5 种有机化合物。

在瓶上分别标有 A、B、C、D、E,甲、乙、丙、丁、戊,1、2、3、4、5 的标签,每人任选(或由指导教师指定)1 组,利用实验室常用的试剂,用简单的化学方法一一鉴别出来。

已知以上 3 组未知物均是由正丁醚、异丙醇、丙酮、乙醛、苯甲醛、苯酚、叔氯丁烷、乙醇、叔丁醇、乙酰乙酸乙酯 10 种化合物中随机选出 5 种组成的。

三、设计提示

(1)化学性质具体应用的一个方面,就是对不同化合物进行鉴别。作为鉴别实验,必须具备以下条件:①操作简便;②反应速度快;③现象明显,即有沉淀生成、气体放出或颜色变化等。

(2)有机物鉴别过程大致分五步:①设计鉴别方案(要考虑到实验条件的限制);②拟订所需试剂药品;③进行鉴别实验;④分析判断;⑤验证。

(3)使用有毒试剂(如 2,4-二硝基苯肼等)时要注意安全。

四、参考文献

(1)高占先.有机化学实验[M].4 版.北京:高等教育出版社,2004.

(2)郭书好.有机化学实验与指导[M].广州:暨南大学出版社,1996.

(3)黄新堂.有机物鉴别中的 2 个常见误区[J].卫生职业教育,2005,(11).

实验 52　用甘蔗渣制备 CMC-Na

一、实验目的

(1)学会应用有机化学实验的基本知识和操作技能,设计由甘蔗渣制备 CMC-Na 的方案并实施。

(2)学会用正交试验法摸索实验最佳条件。

二、CMC-Na 概述及制备原理

CMC-Na 是羧甲基纤维素钠 (sodium carboxymethyl cellulose) 的简称,分子式为 $[C_6H_7O_2(OH)_2OCH_2COONa]_n$。CMC-Na 可以由纤维素经碱处理后与氯乙酸作用制得,它是一种用途广泛的化工原料,主要作为增稠剂、稳定剂、添加剂、延效剂、乳化剂、天然离子交换剂、黏合剂、浮选剂等。

过去,羧甲基纤维素钠都是用棉花生产的,造价较高。近期有化学工作者利用稻草、玉米皮、旧棉絮等制取 CMC-Na。本实验利用甘蔗渣(或滤纸碎屑)为原料,制备 CMC-Na,产物可用于制薄层板的黏合剂,达到节约资源、减少消耗的目的。

甘蔗渣的主要成分为纤维素。纤维素经预处理除去杂质,然后再用碱处理生成碱性纤维素,后者与一氯乙酸作用可制得羧甲基纤维素钠盐。反应式为

$$[C_6H_7O_2(OH)_2OH]_n + nNaOH \longrightarrow [C_6H_7O_2(OH)_2ONa]_n + nH_2O$$

$$[C_6H_7O_2(OH)_2ONa]_n + nClCH_2COOH \xrightarrow{NaOH} [C_6H_7O_2(OH)_2OCH_2COONa]_n + nHCl$$

三、设计提示

(1)预处理。无论是稻草、旧棉絮、滤纸碎屑还是甘蔗渣，都会夹杂一些污染物，反应前可用适量稀碱水浸泡、烘干、磨碎。

(2)碱化。纤维素用碱处理生成碱性纤维素一步十分重要，碱化不完全将直接影响反应的产量和 CMC-Na 的质量，碱处理时碱液浓度在 30% 左右为宜，反应时间为 1~2 h。

(3)醚化。$ClCH_2COOH$ 的浓度在 20%~25% 为宜。

(4)一氯乙酸具有强刺激性、腐蚀性，使用时要注意安全。

四、参考文献

(1)刘祥.高黏度羧甲基纤维素钠的研制[J].四川化工与腐蚀控制，2001，4(1).

(2)郭书好.有机化学实验与指导[M].广州：暨南大学出版社，1996.

实验 53　乙酸冰片酯的制备

一、实验目的

(1)利用酯化反应原理及反应特点对乙酸冰片酯的合成进行设计。

(2)灵活运用已掌握的洗涤、干燥及纯化等基本操作技术精制乙酸冰片酯。

二、乙酸冰片酯简介

乙酸冰片酯又名 1,7,7-三甲基双环[2.2.1]庚-2-醇乙酸酯，常用作香料，用于化妆品、香皂及室内空气清新剂、室内喷雾香精等，也用作食用香精。室温下为无色透明液体，难溶于水和甘油，易溶于乙醇和乙醚。沸点 223~224 ℃，相对密度 0.991~0.992(20 ℃)，折光率1.4639。

三、设计提示

(1)乙酸冰片酯的制备主要有两种不同的合成途径，可根据选取的原料进行反应及装置设计。

(2)冰片物理性质与乙酸冰片酯相近，选择适当的分离手段是获取高纯度乙酸冰片酯的关键。

(3)实验所得乙酸冰片酯的纯度检测可通过物理常数及有机波谱的测定加以确定。

四、参考文献

(1)陈慧宗，杨义文，刘永根，等.纳米稀土复合超强酸 $SO_4^{2-}/ZrO_2\text{-}La_2O_3$ 催化合成乙酸冰片酯及其动力学初探[J]. 化学世界,2005,(8).

(2)陈慧宗,杨义文,刘永根,等.稀土复合固体超强酸催化合成乙酸龙脑酯[J].江西师范大学学报(自然科学版),2005,(1).

实验 54　局麻药苯佐卡因的设计合成

一、实验目的

(1)掌握苯佐卡因设计合成的基本路线和原理。
(2)学习产物纯化与结构表征的一般方法。
(3)掌握文献查阅的基本方法和实验论文撰写方法。

二、苯佐卡因简介

苯佐卡因(Benzocaine),化学名为对氨基苯甲酸乙酯,是一种重要的医药中间体,可用于合成奥索仿、奥索卡因、普鲁卡因等。同时,它在医药上又用作局部麻醉药,主要用于手术后创伤止痛、溃疡痛、一般性痒等。苯佐卡因是一种白色结晶性粉末,味微苦而麻,熔点88~90 ℃,易溶于乙醇、氯仿、乙醚,极微溶于水,可溶于酸性水溶液。其化学结构式如下:

试设计以对硝基甲苯等为原料,经合适的反应制备苯佐卡因。

三、设计提示

(1)探讨对硝基甲苯的氧化条件,选择合适的氧化剂与用量、溶剂和反应温度。
(2)对影响酯化反应的因素,如醇酸比、催化剂类型与用量、反应温度和时间等进行探讨,并进行条件优化。
(3)对影响硝基还原的反应因素,如还原剂的类型与用量、反应温度和时间等进行探讨,并进行条件优化。
(4)硝基还原反应如以铁粉作还原剂,使用前铁粉需活化,否则还原效果不佳。
(5)各步实验产物的纯度和结构可通过熔点、薄层色谱及有机波谱测定等方法加以表征。

四、参考文献

(1)陈碧芬,孙向东,李爱元,等. 苯佐卡因合成方法的改进研究[J]. 广州化工,2015,43(3):84-86.

(2)刘太泽.苯佐卡因的合成研究[D].南昌:南昌大学,2010.

（3）刘小玲，彭梦侠. 多步骤有机合成实验教学研究——苯佐卡因的合成[J]. 实验科学与技术，2010，8(4)：12-15.

实验 55　植物生长调节剂——ACC 的合成

一、实验目的

（1）学习 　$\bowtie\!\!\!\!<^{NH_2}_{COOH}$　合成方法的设计。

（2）学习、掌握相转移催化的原理及其在合成中的应用。

二、ACC 的简介及合成原理

ACC 是 1-氨基环丙烷-1-羧酸(1-aminocyclopropane-1-carboxylic acid)的简称。它是一种天然的、无毒的植物生长调节剂，普遍存在于高等植物体内，是乙烯生物合成的重要中间体。它不仅具有催熟作用，而且在植物的发芽、生长、开花、结果和衰老等各个阶段均起着调节作用。植物试验表明 ACC 对香蕉、菠萝有良好的催熟作用，对玉米、茶叶的生长有明显的调节作用。

ACC 的合成方法有多种，本实验是以氰乙酸乙酯为原料的相转移合成法，反应过程如下：

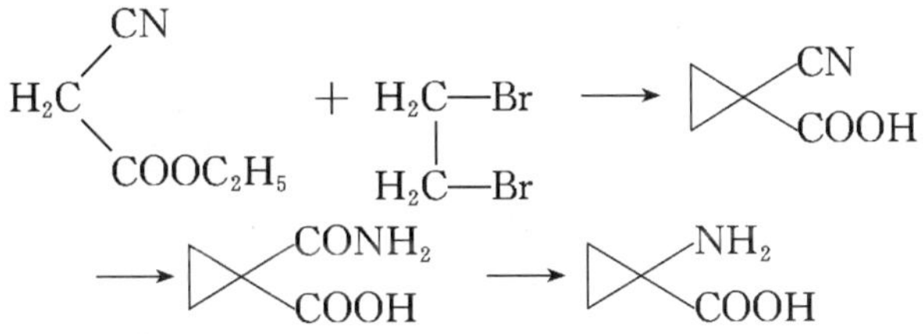

三、设计提示

（1）环丙烷衍生物通常采用丙二酸二乙酯类化合物与相关的二卤乙烷来合成。此步反应的两种反应物可为等物质的量比，同时注意酸碱对反应的影响。

（2）环丙烷-1,1-二羧酸单酰胺的制备一般可由酯氨解或 —CN 部分氢化制得。

（3）由环丙烷-1,1-二羧酸单酰胺制备 1-氨基环丙烷-1-羧酸采用酰胺降解反应。ACC 是一种氨基酸，可通过离子交换树脂提纯。

四、参考文献

（1）朱旭祥，郭奇珍. 1-氨基环丙烷-1-羧酸的合成：新型植物生长调节剂[J]. 有机化学，1985,5(2):153.

（2）郭书好，杜汝励. 相转移催化法合成 ACC[J]. 暨南大学学报，1988,1:106.

实验 56 （±)-1,1′-联-2-萘酚的合成和拆分

一、实验目的

(1)了解(±)-1,1′-联-2-萘酚的合成方法。

(2)学习(±)-1,1′-联-2-萘酚的合成和拆分方法。

二、实验原理

1.(±)-1,1′-联-2-萘酚的合成

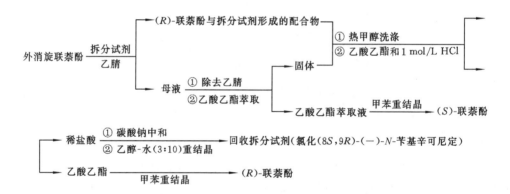

2.(±)-1,1′-联-2-萘酚的拆分

主要通过被拆分底物与手性拆分试剂形成主-客体配合物,利用配合物的溶解性不同,从而达到拆分的目的。主要流程如下:

外消旋联萘酚 —拆分试剂/乙腈→
├→ (R)-联萘酚与拆分试剂形成的配合物 → 固体 ①热甲醇洗涤 ②乙酸乙酯和1 mol/L HCl →
│   └→ 乙酸乙酯萃取液 —甲苯重结晶→ (S)-联萘酚
└→ 母液 ①除去乙腈 ②乙酸乙酯萃取

├ 稀盐酸 ①碳酸钠中和 ②乙醇-水(3∶10)重结晶 → 回收拆分试剂(氯化(8S,9R)-(—)-N-苄基辛可尼定)
└ 乙酸乙酯 —甲苯重结晶→ (R)-联萘酚

3.对映体过量的测定

$$ee\% = \frac{[R]-[S]}{[R]+[S]} \times 100\% ; \quad ee\% = \frac{[S]-[R]}{[R]+[S]} \times 100\%$$

或

$$ee\% = \frac{[\alpha]_{测}}{[\alpha]_{纯}}$$

三、实验步骤

1.(±)-1,1′-联-2-萘酚的合成

查阅文献,根据文献方法,采用你认为合适的方法合成(±)-1,1′-联-2-萘酚。也可参照下述方法,采用一种或几种方法进行合成,在绿色化学、操作方便性、收率等方面进行对比,找出

各种方法的优点和不足。

1) 常规有机溶剂中的合成

向装有温度计的二口烧瓶中加入 β-萘酚(0.72 g, 5 mmol)和乙醇 10 mL,在电磁搅拌下滴加 30% 的 $FeCl_3 \cdot 6H_2O$ 乙醇溶液(10 mmol),滴加完毕后升温至 65 ℃,恒温反应 2.5 h。反应结束后过滤,滤饼加水煮沸 0.5 h,过滤得粗产品,粗产品用 20% NaOH 溶液溶解过滤,滤液用 10% HCl 调节 pH 值至 2~3,过滤即得纯产品。收率为 90%。

2) 无溶剂条件下的合成

(1)将 β-萘酚(0.45 g,3.13 mmol)和 $FeCl_3 \cdot 6H_2O$(1.71 g,6.31 mmol)置于玛瑙研钵中充分研磨后放入烘箱,在 50~60 ℃ 下反应 6 h,TLC 检测反应进程。反应完毕后冷却至室温并转移到 200 mL 烧杯中,加水 10 mL 和浓盐酸 0.5 mL,搅拌 10 min,然后加入二氯乙烷 10 mL 和少量活性炭,继续搅拌 10 min 后过滤,滤液转移至分液漏斗中,分去水层,有机层用水洗 2 次,再用无水硫酸钠干燥,除去有机溶液后得粗产品 0.253 g。再用甲醇-水(1∶1)的混合溶剂重结晶得白色针状产品 0.200 g,收率为 44%。

(2)β-萘酚加两倍物质的量的 $FeCl_3 \cdot 6H_2O$ 和氯化钠,置于球磨器中研磨 1 h。然后加浓盐酸搅拌,滤出粗产品,用乙醇与 0.1 mol/L HCl(1∶1)重结晶,产品收率为 87%。氯化钠的加入可改善研磨。

3) 微波促进下无溶剂条件下的合成

(1)称取 β-萘酚(1.44 g,10 mmol)和 $FeCl_3 \cdot 6H_2O$(5.4 g,20 mmol)置于研钵中,再加入 NaCl 3 g,仔细研磨,混合均匀。然后将混合物转移至 50 mL 烧杯中,置于未改装的家用微波炉中,用 650 W 的功率辐射 1 min。冷却 2~3 min,并用玻璃棒充分搅拌,再放入微波炉中辐射 1 min。取出反应物冷却至室温,然后加入 20 mL 6 mol/L HCl,充分搅拌 10 min,抽滤,并用 0.1 mol/L HCl 洗至滤液无色,粗产品用甲醇与 0.1 mol/L 盐酸(1∶100)的混合溶剂重结晶,得白色晶体 1.42 g,收率为 98.6%。

(2)称取 3.6 g (0.025 mol) β-萘酚和 8.1 g(0.05 mol)$FeCl_3$ 置于瓷研钵中,再加入 10 g Al_2O_3 固体仔细研磨,使之混合均匀,然后转入 250 mL 烧杯中,放入微波炉(700 W,2450 MHz),用"中高火"挡加热,1 min 后取出,用玻璃棒搅动,室温下冷却 1~2 min,重新加热 1 min,取出,搅拌,室温下冷却 1~2 min,再加热 1 min(反应混合物变成灰色粉末状),在室温下冷却并搅动,使产生的 HCl 气体放出。向其中加入 35% HCl 50 mL,充分搅拌,抽滤,并用盐酸溶液洗涤至滤液呈无色为止。将得到的滤饼粗产品依次用乙醇-盐酸溶液、乙醇-氢氧化钠溶液、乙醇-盐酸溶液(1∶50)重结晶,得到白色晶体 1.4 g,收率为 39.8%。

4) 水溶剂法

(1)在 500 mL 烧杯中加入 200 mL 水和 1.5 g(10.4 mmol)β-萘酚,煮沸,在搅拌下缓慢加入 5.68 g(21.0 mmol)$FeCl_3 \cdot 6H_2O$ 水溶液 20 mL,得白色絮状沉淀。在此混合物中加入 1.5 g(10.4 mmol)β-萘酚,滴加新配制的 5.68 g $FeCl_3 \cdot 6H_2O$ 水溶液 20 mL,在 100 ℃ 下搅拌反应 30 min,趁热过滤得粗产品。将粗产品在乙醇-水混合溶剂中重结晶,获得 2.81 g 产品,收率为 93.7%。

(2)在带有温度计和球形冷凝管的三口烧瓶中,加入一定量的 $FeCl_3 \cdot 6H_2O$ 和 1.0 g(7 mmol)粉末状的 β-萘酚,溶于 20 mL 水,在搅拌的同时用一定功率的微波加热一定时间。

然后冷却至室温,抽滤得粗产品,将粗产品置于 80 mL 水中,煮沸后抽滤,滤饼用 50 mL 5% NaOH 溶液溶解,抽滤,滤液用稀 HCl 调 pH 值至 2~3,析出白色晶体,抽滤得产品,干燥,称重。

2. 催化氧化合成(±)-1,1′-联-2-萘酚

1)CuCl₂/TMEDA 体系催化氧化合成(±)-1,1′-联-2-萘酚

向圆底烧瓶中加入 β-萘酚(0.25 g,3.5 mmol)、CuCl₂(0.035 g,0.35 mmol)、N,N,N',N'-四甲基乙二胺 (TMEDA)(0.35 mmol)和 5 mL CH₂Cl₂,在 65 ℃下电磁搅拌 5 h,TLC 检测反应完毕,蒸去溶剂,加入 10% HCl,抽滤,用蒸馏水洗涤固体,得粗产品。粗产品经纯化后得纯产品。收率为 82%。

2)FeCl₃/SiO₂ 体系催化氧化合成(±)-1,1′-联-2-萘酚

将 0.1 g 分析纯 FeCl₃·6H₂O 和 0.5 g β-萘酚溶解于 20 mL 丙酮中,在该混合液中加入 1 g 柱色谱用硅胶(直径为 0.045~0.07 mm),搅拌均匀。在真空下脱出溶剂,并在此条件下干燥 2 h。常压下,加热混合物至 60 ℃,24 h 后冷却此混合物,用 50 mL 0.5% HCl 的甲醇溶液淋洗此混合物,减压下将甲醇溶液浓缩至 20 mL,再加水稀释至 100 mL,过滤沉淀。粗产品通过硅胶柱分离纯化(洗脱液:乙醚-正己烷(1∶1)),得产品 0.42 g,收率为 84%。

3. (±)-1,1′-联-2-萘酚(BINOL)的拆分

1)拆分试剂氯化(8S,9R)-(−)-N-苄基辛可尼定的合成

在 1 000 mL 的圆底烧瓶中,加入 58.8 g 辛可尼定、25.4 g 氯化苄与 500 mL 无水乙醇,加热回流搅拌 3~4 h,得到深红色溶液。减压抽去部分溶剂,直到反应液成为一种黏稠状液体。冷却至室温,加入 100 mL 水,待固体全部析出后过滤。固体用丙酮洗至白色,在乙醇-水(3∶10)的混合溶剂中重结晶,得白色晶体 50 g。收率为 60%,熔点为 209~211 ℃。$[\alpha]_D^{20}=-179.4°(c=1.0,H_2O)$。

2)(±)-1,1′-联-2-萘酚的拆分

(1)方法一。在一个装有磁力搅拌和回流冷凝管的三口烧瓶中加入 23.0 g(80 mmol)(±)-1,1′-联-2-萘酚、18.6 g(44 mmol)氯化(8S,9R)-(−)-N-苄基辛可尼定和 300 mL 乙腈(经纯化处理),得到的悬浮液加热回流搅拌 4~5 h。冷却,在室温下搅拌过夜。然后在冰水浴中冷却 2~3 h,过滤,将滤液浓缩至干。得到的固体充分晾干后,用 300 mL 乙酸乙酯再溶解,过滤。得到少量(R)-1,1′-联-2-萘酚和氯化(8S,9R)-(−)-N-苄基辛可尼定的配合物及一些杂质,弃去;滤液分别用 2×100 mL 1 mol/L HCl、100 mL 饱和食盐水和 100 mL 蒸馏水洗涤,有机层用无水硫酸钠干燥。过滤,浓缩得到 10.75 g 浅棕色固体(S)-BINOL。收率为 94%,熔点为 208~212 ℃,$ee\% > 99\%$,$[\alpha]_D^{20}=-35.2°(c=1.0,THF)$。

第一次过滤得到的固体用 50 mL 乙腈洗涤,然后转移到 250 mL 单口烧瓶中,加入 100 mL 甲醇,得到的悬浮液回流 24 h。冷却至室温后过滤,用 20 mL 甲醇洗涤固体。然后用 300 mL 乙酸乙酯和 150 mL 1 mol/L HCl 混合溶剂溶解固体,用分液漏斗分离出有机层,再分别用 150 mL 1 mol/L HCl、150 mL 饱和食盐水和 150 mL 蒸馏水洗涤。有机层用无水硫酸钠干燥。过滤、浓缩得到 10.85 g 白色固体(R)-BINOL。收率为 94%,熔点为 209~212 ℃,$ee\% > 99\%$,$[\alpha]_D^{20}=34.6°(c=1.0,THF)$。

(2)方法二。将(±)-1,1′-联-2-萘酚(17.2 g,60.0 mmol)置于 500 mL 单口烧瓶中,加入

乙酸丁酯 300 mL 和(8S,9R)-(-)-N-苄基氯化辛可尼定 12.9 g(30.6 mmol),搅拌回流 6 h 后,冷却至室温,于 0~5 ℃放置 2 h。过滤,滤饼为(R)-BINOL 和(8S,9R)-(-)-N-苄基氯化辛可尼定的复合物。母液用 2 mol/L 盐酸 100 mL 和饱和盐水 100 mL 洗涤,有机层用无水 Na_2SO_4 干燥,蒸去大部分溶剂,冷却至室温,析出白色晶体,过滤后得(S)-BINOL。质量为 8.1 g,收率为 94.2%,ee%>99.1%。

(R)-BINOL 与(8S,9R)-(-)-N-苄基氯化辛可尼定的复合物滤饼用乙酸丁酯洗涤两次,转入 1 L 烧杯中,加入乙酸丁酯 300 mL 和 2 mol/L 盐酸 200 mL,搅拌,使固体溶解,在分液漏斗中分出盐酸层。有机层再用 2 mol/L 盐酸 100 mL 和 2×100 mL 饱和盐水洗涤、无水硫酸钠干燥,蒸去大部分溶剂后,冷却至室温即析出白色晶体,过滤后得(R)-BINOL。质量为 7.9 g,收率为 91.9%,ee%>99.2%。

4. 对映体过量的测定

1)旋光法

参考旋光仪的使用。

2)HPLC 法

色谱条件:Phenomenex 公司的 Chirex 3010 型,4.6 mm×250 mm,手性高效液相色谱柱,流动相用甲醇-水(6:4),流速为 0.6 mL/min,最低浓度约为 0.1%。

四、参考文献

(1)李德昌,黄春林,邹红,等. β,β'-联萘酚的合成研究[J]. 现代化工,2000,20(2):29-30.

(2)杨思军,刘湘,苏增权,等. 固相法合成 1,1'-联-2-萘酚[J]. 中国医药工业杂志,1998,29(8):376-377.

(3)Rasmussen M O, Axelesson O, Tanner D. A Practical Procedure for the Solid-Phase Synthesis of Racemic 2,2-Dihydroxy-1,1'-Binaphthyl [J]. Synthetic Communications,1997,(27):4027-4030.

(4)马志广,郄录江,刘秀英,等. 微波辐射固相合成外消旋 1,1'-联-2-萘酚的改进[J]. 河北大学学报(自然科学版),2001,21(4):389-390.

(5)杜娟,宋丽娜. 微波辐射固相合成外消旋 β,β'-联萘酚的研究[J]. 吉林师范大学学报(自然科学版),2005,(1):52-53.

(6)胡延平,索全伶. 两种氧膦配体的合成与表征[J]. 内蒙古石油化工,1996,(22):24-26.

(7)丁盈红,廖九忠,张广文,等. 微波辐射应用于 β,β'-联萘酚的合成与拆分[J]. 化学世界,2004,(8):430-432.

(8)翁文,朱津,李赛清,等. 过渡金属络合物催化合成联萘酚[J]. 应用化工,2004,33(5):19-21.

(9)姜鹏,吕士杰. 用硅胶担载三氯化铁催化氧化偶联 2-萘酚制备(±)-2,2'-二羟基-1,1'-联萘[J]. 分子催化,2000,14(1):69-70.

(10)代星,覃兆海. 一种经济有效的联萘酚的拆分方法[J]. 化学试剂,2001,23(5):294-295.

(11)陆军,苏增权,李纪国. 联萘酚拆分工艺的改进[J]. 中国医药工业杂志,1999,30(2):85-86.

实验 57　苦杏仁酸的合成和拆分

一、实验目的

熟悉用相转移法合成苦杏仁酸及其外消旋体拆分的方法。

二、实验原理

1. (±)苦杏仁酸的合成

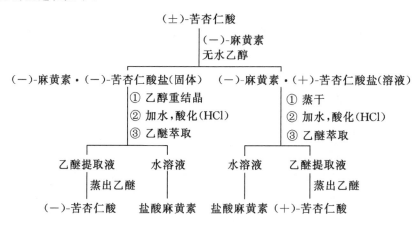

上述合成的苦杏仁酸一般是外消旋体,即等量的左旋体和右旋体的混合物。把外消旋体分离成两个对映体的过程称为拆分。

2. (±)苦杏仁酸的拆分

本实验使用了常用的拆分方法。将合成的外消旋苦杏仁酸与天然的(一)-麻黄素作用形成盐,即(一)-麻黄素·(＋)-苦杏仁酸盐和(一)-麻黄素·(一)-苦杏仁酸盐。这时形成的两个盐已经不再是对映体了,而是非对映体,然后利用其物理性质(如溶解度)的不同而加以分离。其实验步骤的全过程如下。

```
                        (±)-苦杏仁酸
                          │ (一)-麻黄素
                          │ 无水乙醇
        ┌─────────────────┴─────────────────┐
(一)-麻黄素·(一)-苦杏仁酸盐(固体)      (一)-麻黄素·(＋)-苦杏仁酸盐(溶液)
        │ ① 乙醇重结晶                        │ ① 蒸干
        │ ② 加水,酸化(HCl)                   │ ② 加水,酸化(HCl)
        │ ③ 乙醚萃取                          │ ③ 乙醚萃取
    ┌───┴────┐                          ┌────┴────┐
 乙醚提取液  水溶液                      水溶液   乙醚提取液
    │ 蒸出乙醚                                      │ 蒸出乙醚
(一)-苦杏仁酸  盐酸麻黄素          盐酸麻黄素  (＋)-苦杏仁酸
```

三、主要试剂

苯甲醛、氯仿、三乙基苄基氯化铵、乙醚、乙醇、(一)-麻黄素、盐酸、无水硫酸钠。

四、实验步骤

1. (±)苦杏仁酸的制备

在装有搅拌器、温度计、回流冷凝管和滴液漏斗的 100 mL 三口烧瓶中,分别加入 5 mL 新蒸馏过的苯甲醛、0.5 g 三乙基苄基氯化铵和 8 mL 氯仿,在搅拌下慢慢用水浴加热,当温度到达 55~56 ℃时,开始缓慢滴加用 9.5 g 氢氧化钠溶于 9.5 mL 水配制而成的溶液,始终维持反应液的温度在 60~65 ℃,但不能高于 70 ℃,滴加时间约 30 min。滴完后继续在 65~70 ℃维持搅拌反应 1 h,同时,不时测定反应液的 pH 值,当反应液近中性时停止反应。

将反应液转移至装有 100 mL 水的 250 mL 烧杯中,稍作搅拌,然后用 20 mL 乙醚分两次萃取溶液,分出乙醚层(回收),水层用 50%硫酸小心酸化至 pH 值范围为 2~3,然后用 40 mL乙醚分两次萃取酸化液,分出乙醚层并用无水硫酸钠干燥,接着用水浴蒸出乙醚(回收),得油状物 5~6 g。

按 1 g 产物用 1.5 mL 甲苯的配比进行重结晶,得到白色晶体,产量为 4~5 g。

2.(±)-苦杏仁酸的拆分

(一)-麻黄素的制备:在 25 mL 锥形瓶中将 3.7 g 盐酸麻黄素溶于 10 mL 水中,加入 0.8 g氢氧化钠,充分搅拌后,用乙醚萃取两次,每次用乙醚 10 mL,合并乙醚萃取液并用无水硫酸钠干燥,过滤除去干燥剂,将蒸去乙醚后的剩余物溶于 30 mL 无水乙醇中,备用。

拆分:在 100 mL 圆底烧瓶中将 3 g(0.0197 mol)外消旋的苦杏仁酸溶解于 4 mL 无水乙醇中,慢慢地加入上述(一)-麻黄素的乙醇溶液,装上回流冷凝管,用水浴加热至 70 ℃,并在此温度下继续加热 2 h。反应物冷却至室温后,于水浴中冷却,析出晶体。抽滤后,得到白色粉末晶体(保存滤液,用于收集(+)-苦杏仁酸)。将此粗产物用 4 mL 无水乙醇重结晶,于冰浴中冷却,得到白色粒状晶体,即为(一)-麻黄素·(一)-苦杏仁酸盐,熔点为 166~168 ℃。

将(一)-麻黄素·(一)-苦杏仁酸盐放入 50 mL 三口烧瓶中,加入 20 mL 水,然后滴加浓盐酸,使溶液呈明显酸性,此时固体物溶解。每次用 10 mL 乙醚,萃取两次,合并乙醚溶液,用无水硫酸钠干燥,过滤,蒸出乙醚,将残留物倒在表面皿中,干燥后得(一)-苦杏仁酸。熔点为126~128 ℃,$[\alpha]_\lambda = -101°(c=0.0212,水)$。

将先前保存的滤液在减压下蒸干,于残留物中加入 20 mL 水,并用刮刀研磨,尽量使固体溶解。然后滴加浓盐酸,使溶液呈明显酸性。此时若有油状黏稠物出现,可用滤纸滤掉。所得滤液用乙醚萃取两次,每次用 10 mL 乙醚,合并乙醚溶液,用无水硫酸钠干燥,过滤,蒸去乙醚。将残留物倒在表面皿中,干燥后得(+)-苦杏仁酸。熔点为 120~124℃,$[\alpha]_\lambda = +101°(c=0.0212,水)$。

五、思考题

(1)常见的外消旋体的拆分方法有哪几种?

(2)拆分实验的关键步骤是什么?

实验 58 从红辣椒中提取、分离红色素

一、实验原理

红辣椒(辣椒 *Capsicum annum*)中含多种色泽鲜艳的色素,这些色素可以容易地通过薄层层析和柱层析分离出来。在红辣椒色素的薄层层析中,可以得到一个大的鲜红色的斑点,R_f值约为 0.6,已经证实是由辣椒红的脂肪酸酯组成。

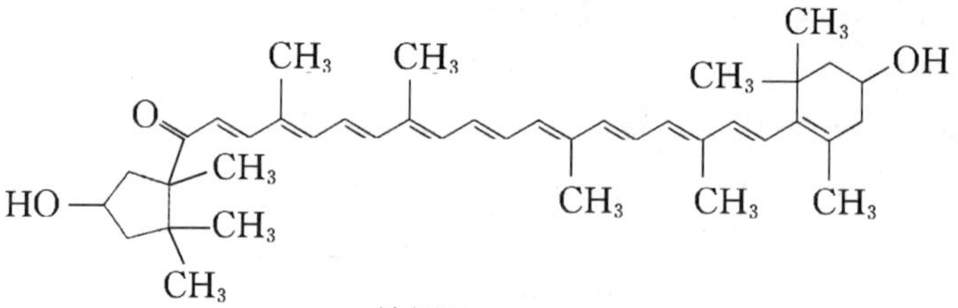

辣椒红

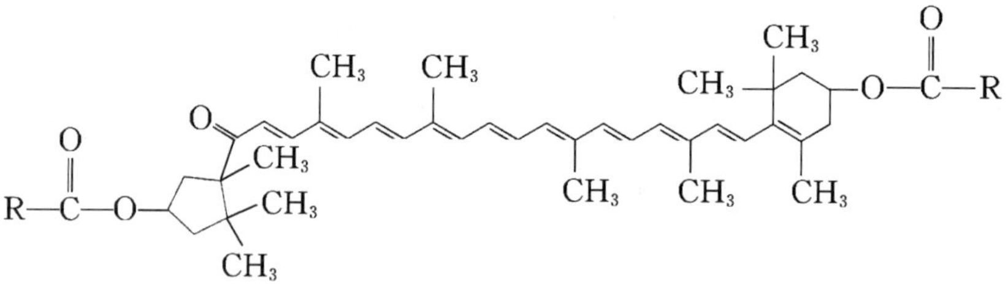

辣椒红的脂肪酸酯(R=3 个或更多碳的链)

另一个具有稍大 R_f 值的较小红色斑点,可能是由辣椒玉红素的脂肪酸酯组成。

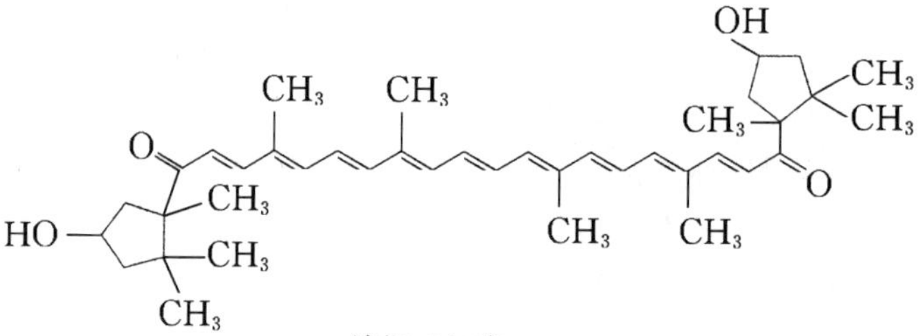

辣椒玉红素

红辣椒还含有 β-胡萝卜素。

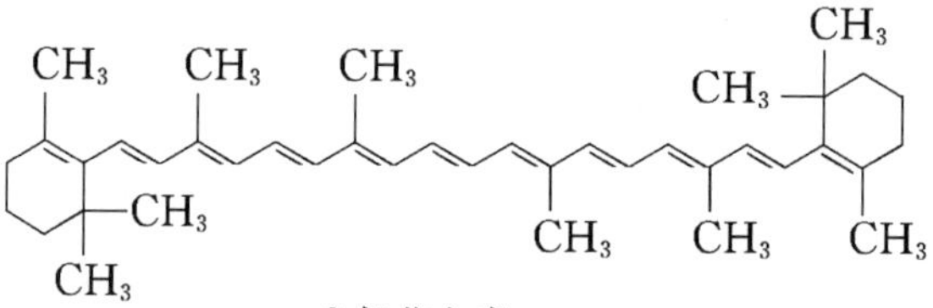

β-胡萝卜素

这些色素像所有的类胡萝卜素化合物一样,都是由 8 个异戊二烯单元组成的四萜化合物。

异戊二烯单元的基本骨架为:

$$-C-C-C-C-C- \atop \quad\ \ |C$$

类胡萝卜素类化合物的颜色是由长的共轭双键体系产生的,该体系使得化合物能够在可见光范围内吸收能量,对于辣椒红来说,是由于它的脂肪酸酯对光的吸收使其产生深红色。

红辣椒经二氯甲烷萃取得到色素的一种混合物,然后用薄层层析(TLC)进行分析。在鉴定出主要成分红色素后,再由柱层析将红色素分离,然后进行红外和紫外光谱分析。

二、实验步骤

1. 红辣椒色素的提取

在 25 mL 圆底烧瓶中放入 1 g 红辣椒和 3 粒沸石,加入 10 mL 二氯甲烷,回流 20 min,冷却至室温,然后过滤除去固体。蒸发滤液得到色素的一种粗混合物。

2. 色素的薄层分析

把少量粗色素样品用 5 滴氯仿溶解在一个小烧杯中,用毛细管点在准备好的硅胶 G 薄板①上,用含有 1‰～5‰绝对乙醇的二氯甲烷作为展开剂,在层析缸中进行层析,记录每一点的颜色,并计算它们的 R_f 值。

3. 红色素的柱层析分离

用湿法装柱②,将在二氯甲烷中的 7.5～10 g 硅胶(60～200 目)装填到配有玻璃活塞的层析柱中③。柱填好后,将二氯甲烷洗脱剂液面降至被盖硅胶的砂的上表面。将色素的粗混合物溶解在少量二氯甲烷中(约 1 mL),然后将溶液倒入层析柱。放置色素于柱上后,用二氯甲烷洗脱色素④。收集每个馏分于小锥形瓶中⑤,当第二组黄色素洗脱后,停止层析。

通过薄层层析来检验柱层析,若没有得到一个好的分离效果,用同样的步骤将合并的红色素馏分再进行一次柱层析分离。鉴定含有红色素的馏分,然后将主要含有同种组分的每组馏分合并。

4. 红外光谱鉴定

将所得红色素作红外光谱分析,并将记录的谱图与红色素纯样的红外光谱图相比较,并鉴定分离得到的红色素的红外光谱中的重要吸收峰。

三、思考题

(1)标出辣椒红和 β-胡萝卜素中的异戊二烯单元。

(2)已知主要成分红色素是多种化合物的混合物,为什么在薄层层析时它只形成一个斑点?

---

① 薄层层析板制作见实验 6。
② 湿法装柱:放一小卷玻璃棉在层析柱底部,加入洗脱剂至柱的 3/4 高度。从柱中放出少量溶剂,用一根结实的玻璃棒压实玻璃棉,以除去其中的空气泡。在柱顶上放一漏斗,先加入一薄层砂在玻璃棉上面,然后慢慢倒入浸在二氯甲烷中的固体支持剂,并用一段耐压管轻轻地敲柱,以利于固体支持剂沉降。柱中支持剂必须渐渐地装紧,直到不再沉降,最后支持剂的高度应为柱径的 10～15 倍。再在固体支持剂上面放一薄层砂以保护柱顶的表面。它也必须低于洗脱剂的液面。固体支持剂顶面必须水平,而且柱内应该无气泡。气泡或顶面的倾斜层使沿柱向下移动的各化合物形成的分离带变形,于是,当用溶液洗脱化合物时,它们成为混合物。
③ 层析柱必须装有玻璃或聚四氟乙烯活塞。橡皮或塑料会溶解在二氯甲烷中。
④ 将色素放置在层析柱上端后,用二氯甲烷洗脱,开始二氯甲烷洗脱液不要加得过多,应用滴管吸取二氯甲烷慢慢加入,保持柱上不干即可。当加入的二氯甲烷中已经没有色素的颜色时,可多加些二氯甲烷洗脱液洗脱。
⑤ 可多准备一些小锥形瓶接收,每个锥形瓶中收集 2 mL 左右。

实验 59　乙酰乙酸乙酯的合成

Ⅰ　乙酸乙酯的制备

乙酸乙酯的制备见实验 31。

Ⅱ　乙酰乙酸乙酯的制备

一、实验目的

了解克莱森(Claisen)酯缩合反应的原理,掌握制备乙酰乙酸乙酯的实验操作。

二、实验原理

在碱性催化剂存在下,含有 α-活泼氢的酯和另一分子的酯发生 Claisen 酯缩合反应,生成 β-羰基酸酯,例如乙酰乙酸乙酯的合成,反应过程如下:

$$CH_3COOC_2H_5 \xrightarrow[C_2H_5OH]{NaOC_2H_5} \bar{C}H_2COOC_2H_5 \xrightarrow{CH_3COOC_2H_5} \overset{\displaystyle O^-}{\underset{\displaystyle CH_2COOC_2H_5}{CH_3\overset{|}{\underset{|}{C}}-OC_2H_5}}$$

$$\xrightarrow{HAc} CH_3COCH_2COOC_2H_5 + C_2H_5OH$$

生成的乙酰乙酸乙酯分子中亚甲基上的氢非常活泼,能与醇钠作用生成稳定的钠化合物,所以反应向生成乙酰乙酸乙酯钠化合物的方向进行,乙酰乙酸乙酯钠化合物与乙酸作用生成乙酰乙酸乙酯。原料乙酸乙酯中存在的少量乙醇与金属钠反应生成的乙醇钠为催化剂。反应式为

$$2CH_3COOC_2H_5 \xrightarrow{NaOC_2H_5} Na^+[CH_3COCHCOOC_2H_5]^- \xrightarrow{HAc} CH_3COCH_2COOC_2H_5 + NaAc$$

三、主要试剂

27.5 mL(0.29 mol)乙酸乙酯、2.5 g(0.11 mol)金属钠、甲苯和乙酸。

四、实验步骤

在干燥的 100 mL 圆底烧瓶中,加入 12.5 mL 甲苯和 2.5 g 金属钠,装上回流冷凝管,冷凝管上口装一氯化钙干燥管。加热回流至钠熔融,待回流停止后,拆去冷凝管,然后用橡皮塞塞紧圆底烧瓶,按住塞子,用力地来回振荡几下停止,即成钠珠(颗粒要尽可能小,以使反应易于进行,否则重新熔融再摇)。放置,待钠珠沉于底部后,将甲苯倾倒在甲苯的回收瓶中(切记不能往水池中倒甲苯,以免钠珠倒出起火),迅速加入 27.5 mL 乙酸乙酯,重新装上冷凝管(上口加干燥管),此时反应立即开始,并有氢气泡逸出。如不反应或反应很慢,可用热水浴稍加热,保持沸腾状态,直至所有金属钠作用完为止,在反应过程中要不断振荡反应瓶。此时生成

的乙酰乙酸乙酯钠盐为橘红色透明溶液(有时析出黄白色沉淀)。

待反应物冷却,振荡下小心加入 50%的乙酸(由等体积的冰醋酸和水混合而成),直至反应液呈微酸性为止(用石蕊试纸检验,约需 15 mL)。

将反应液移入分液漏斗中,加入等体积的、已过滤的饱和氯化钠溶液,用力振荡,经放置后乙酰乙酸乙酯全部析出。分出乙酰乙酸乙酯,用无水硫酸钠干燥,然后注入蒸馏瓶,并以少量的乙酸乙酯洗涤干燥剂。在沸水浴上进行蒸馏,收集未作用的乙酸乙酯。

将剩余液进行减压蒸馏,蒸馏时加热须缓慢,待低残留的低沸点液体全部蒸出后,再升高温度收集乙酰乙酸乙酯,质量为 6~7 g。乙酰乙酸乙酯压力与沸点的关系如表 3-1 所示。

表 3-1　乙酰乙酸乙酯压力与沸点的关系

压力/kPa	101.32	10.67	8	5.33	4	2.67	2.34	2	1.6
压力/mmHg	760	80	60	40	30	20	18	15	12
沸点/℃	180	100	97	92	88	82	78	73	71

五、注意事项

(1)金属钠遇水即爆炸燃烧,故使用时应严格防止与水接触,在称量或分割过程中应当迅速,以免被空气中的水蒸气侵蚀或被氧化。

(2)一定要等到所有的金属钠都反应完毕后再加入 50%的乙酸溶液,不然乙酸和水与金属钠作用将发生燃烧。

(3)用乙酸中和时,开始有固体析出,继续加酸并不断振荡,固体物逐渐消失,最后得到澄清的液体。如仍有少量固体未溶解,可加少许水使之溶解,但应避免加入过量的乙酸,否则会增加乙酰乙酸乙酯在水中的溶解度而降低产量。

(4)常压蒸馏或在较高的温度下(真空度较差)蒸馏,都会有部分的乙酰乙酸乙酯分解。

六、思考题

(1)用 $R_2CHCOOR'$ 类型的酯进行酯缩合反应时,能不能以 RONa 作催化剂,为什么?

(2)减压蒸馏乙酰乙酸乙酯时,为什么先蒸去低沸点液体,而不能直接在高温下蒸馏收集乙酰乙酸乙酯?

实验 60　紫罗兰酮的合成

一、实验目的

学习香料的基本知识,掌握交叉羟醛缩合的实验技术。

二、实验原理

紫罗兰酮的合成是以柠檬醛为原料,在碱性条件下,首先与丙酮进行缩合,制成假紫罗兰酮,再用 60%硫酸溶液作催化剂,使假紫罗兰酮闭环,制得紫罗兰酮。反应过程如下:

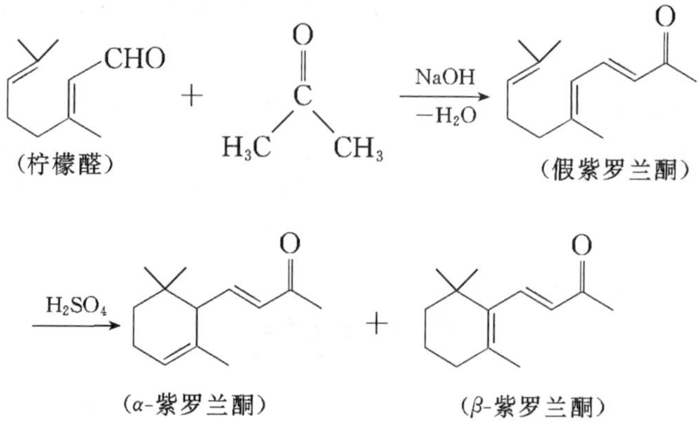

(柠檬醛) + H_3C —C— CH_3 $\xrightarrow[-H_2O]{NaOH}$ (假紫罗兰酮)

$\xrightarrow{H_2SO_4}$ (α-紫罗兰酮) + (β-紫罗兰酮)

由此制得的产物,含 γ-异构体的量极微,基本上由 α-异构体和 β-异构体组成,以 α-异构体为主。

三、主要试剂

20 mL(0.12 mol)柠檬醛、丙酮、氢氧化钠、60%硫酸溶液。

四、实验步骤

1. 假紫罗兰酮的合成

在装有搅拌器、滴液漏斗、温度计和回流冷凝管的四口烧瓶中加入 0.5 g 研成粉末状的固体氢氧化钠和 60 mL 丙酮,搅拌,水浴加热至瓶内丙酮开始回流时,从滴液漏斗中滴加 20 mL 柠檬醛,控制反应温度在 45~50 ℃,15 min 内滴完,保持温度继续搅拌反应 45 min。反应完毕后,用冰醋酸中和反应液至 pH 值为 6~7,水浴蒸馏回收丙酮,粗产品用等体积的饱和食盐水洗 3 次,常温减压蒸去低沸物,得假紫罗兰酮粗产品(红棕色液体)。假紫罗兰酮粗产品可直接用于环化反应。也可减压蒸馏,收集假紫罗兰酮馏分(115~125 ℃/267 Pa)。

2. 紫罗兰酮的合成

在装有搅拌器、滴液漏斗、温度计和回流冷凝管的四口烧瓶中,加入 8 mL 60%的硫酸溶液,搅拌下依次加入 14 mL 甲苯和滴加 10 g(0.052 mol)假紫罗兰酮。保持反应温度 25~28 ℃,搅拌 15 min。反应结束后,加 10 mL 水,搅拌分出有机层。有机层用 15%的碳酸钠溶液中和,再用等体积的饱和食盐水洗涤,常压下蒸去甲苯。残留物进行减压蒸馏,收集 125~135 ℃/267 Pa 的馏分,得浅黄色油状液体紫罗兰酮 7~8 g,收率为 70%~80%,折光率 n_D^{20} 为 1.499~1.504。

五、思考题

(1)请写出假紫罗兰酮环化反应生成紫罗兰酮的反应机理。

(2)从理论上来说,本合成反应的产物中,是 α-异构体的含量高还是 β-异构体的含量高?

(3)合成假紫罗兰酮时,为什么要控制反应温度在 45~50 ℃?

附:紫罗兰酮简介

紫罗兰酮存在于多种花精油和根茎油中,分子式是 $C_{13}H_{20}O$,相对分子质量是 192.29。天然产物中存在 3 种双键位置不同的异构体:

（α-紫罗兰酮）
沸点:121～122 ℃/1.3 kPa
相对密度:0.931
λ_{max}:228.5 nm

（β-紫罗兰酮）
沸点:128～129 ℃/1.3 kPa
相对密度:0.940
λ_{max}:293.5 nm

（γ-紫罗兰酮）
沸点:80 ℃/1.3 kPa
相对密度:0.942

α-紫罗兰酮在乙醇溶液中高度稀释时有紫罗兰香味;β-紫罗兰酮的香味较清淡,有柏木香味;γ紫罗兰酮具有质量最好的紫罗兰香味。它们都是液体,可与无水乙醇混溶,溶于 2～3 倍体积的 70%乙醇、乙醚、氯仿或苯中,难溶于水。

紫罗兰酮都是用合成方法得到的。市售的紫罗兰酮,几乎都是 α-异构体和 β-异构体的混合物。商品 α-紫罗兰酮的酮含量在 90%以上,α-异构体在 60%以上;商品 β-紫罗兰酮的酮含量在 90%以上,β-异构体在 85%以上。商品紫罗兰酮为淡黄色液体,是重要的合成香料之一,广泛作为化妆品用香精。β-紫罗兰酮的另一重要用途是用于制取维生素 A 的中间体。

实验 61　用苯甲醛合成 1,4-二苯基-1,3-丁二烯

Ⅰ　肉桂醛的制备

一、实验目的

了解羟醛缩合反应的原理,用羟醛缩合反应制备肉桂醛。

二、实验原理

在氢氧化钠的作用下,含 α-氢的乙醛与不含 α-氢的苯甲醛缩合,生成 α,β-不饱和羰基化合物,反应过程如下:

$$CH_3CHO \xrightarrow{NaOH} [\bar{C}H_2CHO] \xrightarrow[H_2O]{PhCHO} PhCHCH_2CHO \xrightarrow{-H_2O} PhCH{=}CHCHO$$

（OH 位于 PhCHCH₂CHO 的第一个碳上）

三、主要试剂

12 mL(0.12 mol)苯甲醛、0.50 mol 乙醛、乙醇、1%氢氧化钠水溶液。

四、实验步骤

在装有搅拌器和温度计的 1000 mL 三口烧瓶中,依次加入 300 mL 1%氢氧化钠水溶液、500 mL 乙醇、12 mL 苯甲醛和 12.5 g(12.7 mL)40%乙醛($d=0.9856$)。在剧烈搅拌、室温下反应 3~4 h。反应完毕,加入氯化钠至饱和。用 90 mL 乙醚分 3 次提取,合并乙醚提取液,用无水硫酸钠干燥。在水浴上蒸出乙醚,残余物减压蒸馏。前馏分主要为未反应的苯甲醛(约 112 ℃/13.33 kPa),肉桂醛的沸点为 128~130 ℃/2.67 kPa,折光率(20 ℃)为 1.6195。得产品 5 g,为浅黄色油状液体。

Ⅱ　1,4-二苯基-1,3-丁二烯(简称 DPB)的制备

一、实验目的

了解 Wittig 反应的原理,用 Wittig 反应制备 DPB。

二、实验原理

DPB 是有机合成的中间体,可由 Wittig 反应合成。

1. 苄基三苯基膦氯化物的制备

$$Ph_3P + ClCH_2Ph \longrightarrow Ph_3\overset{+}{P}CH_2PhCl^-$$

2. DPB 的制备

$$Ph_3\overset{+}{P}CH_2PhCl^- + NaOH \longrightarrow Ph_3P{=}CHPh + H_2O + NaCl$$

$$Ph_3P{=}CHPh + PhCH{=}CHCHO \longrightarrow PhCH{=}CH{-}CH{=}CHPh + Ph_3PO$$

本反应操作简便,时间短,温度低,适用于在实验室进行合成,所得产品主要为 E,E-型,可用于与顺丁烯二酸酐的双烯合成反应。

三、主要试剂

4 g(0.015 mol)三苯基膦、1.7 mL(0.015 mol)氯化苄、0.7 mL(0.005 mol)肉桂醛、氯仿、二甲苯、25%氢氧化钠水溶液。

四、实验步骤

1. 苄基三苯基膦氯化物的制备

在 50 mL 圆底烧瓶中加入 4 g 三苯基膦(有毒)和 25 mL 氯仿,三苯基膦溶解后,再加入 1.7 mL 氯化苄,装上带有干燥管的冷凝管,回流 3 h。反应完后改为蒸馏装置,蒸出氯仿,于烧瓶中加入 5 mL 二甲苯,充分振荡混匀。减压过滤,用少量二甲苯洗涤结晶,于 110 ℃烘箱中干燥 1 h,得苄基三苯基膦氯化物 5 g,产品为无色晶体,熔点 310~312 ℃,储存于干燥器中备用。

2. DPB 的制备

取 2 g 上述反应制备的苄基三苯基膦氯化物放入 100 mL 锥形瓶中,加入 25 mL 乙醇使其溶解,然后加入 0.7 mL 肉桂醛。搅拌下,于室温逐滴加入 3 mL 25%氢氧化钠水溶液,开始

反应时溶液变为淡橙色,随后溶液出现混浊,并逐渐有白色沉淀生成。继续搅拌 1.5～2 h。滤出沉淀,并用少量乙醇洗涤。干燥后得粗产品 0.9 g。可用乙醇重结晶,得鳞片状晶体 0.7 g,熔点为 150～151 ℃ (E,E-型),收率约 70%(滤液用少量水稀释后还可回收少量产品)。

五、思考题

(1)三苯基亚甲基膦能与水起反应,三苯基亚苄基膦则在水存在下可与肉桂醛反应,并主要生成二烯,试比较两者的亲核活性,并从结构上说明。

(2)Wittig 反应制得烯,一般以反式为主,如何理解这一反应的立体选择性?

(3)写出 DPB 的立体异构体,并说明何者适于双烯合成反应。

实验 62　合成苯亚甲基苯乙酮

Ⅰ　苯乙酮的制备

苯乙酮的制备参见实验 22。

Ⅱ　苯亚甲基苯乙酮的制备

一、实验目的

了解羟醛缩合反应的原理,掌握制备苯亚甲基苯乙酮的实验操作。

二、实验原理

本实验用氢氧化钠为缩合剂,使苯甲醛和苯乙酮发生羟醛缩合反应,生成苯亚甲基苯乙酮。反应式为

$$C_6H_5COCH_3 + NaOH \longrightarrow C_6H_5CO\overset{-}{C}H_2 \xrightarrow{C_6H_5CHO}$$

$$C_6H_5COCH_2 \overset{\overset{\displaystyle O^-}{|}}{-}CHC_6H_5 \xrightarrow{H_2O} C_6H_5COCH_2 \overset{\overset{\displaystyle OH}{|}}{-}CHC_6H_5$$

$$\xrightarrow{-H_2O} C_6H_5COCH = CHC_6H_5$$

三、主要试剂

2.5 mL(0.025 mol)苯甲醛、3 mL(0.025 mol)苯乙酮、10%氢氧化钠水溶液、95%乙醇。

四、实验步骤

在装有磁力搅拌器、温度计和滴液漏斗的 100 mL 三口烧瓶中,加入 12.5 mL 10%氢氧化钠水溶液、8 mL 95%乙醇和 3 mL 苯乙酮,在水浴上温热到 20 ℃时,开始滴加 2.5 mL 苯甲

醛。滴加苯甲醛的速度不宜太快(是放热反应,要控制反应温度),一般 10~15 min 滴加完毕,温度保持在 20~25 ℃。苯甲醛滴加完毕后,继续在此温度下搅拌 0.5 h,然后加入少量苯亚甲基苯乙酮作为晶种,室温下继续搅拌 1~1.5 h,即有固体析出(如没有晶种,可放置约 24 h),过滤,并用水洗涤产品至中性,压紧抽干,得苯亚甲基苯乙酮粗产品。粗产品用 95% 乙醇重结晶。若溶液颜色较深,可用活性炭脱色,产品为浅黄色针状晶体,约 3 g,熔点为 55~57 ℃。

五、注意事项

(1)反应温度以 20~25 ℃ 为宜,一般不高过 30 ℃,不低于 15 ℃。温度过高,副产物多;温度过低,产品发黏,不利于过滤和洗涤。

(2)加入晶种后,一般在室温下搅拌 30 min 就出现结晶。一旦出现结晶,就可在冰水冷却下再搅拌 2 h 即可停止,进行过滤。

(3)苯亚甲基苯乙酮熔点低,重结晶回流时呈熔融状,必须加溶剂到呈均相。

六、思考题

(1)本实验中有哪些副反应可能发生,采取什么措施可尽量避免副产物的生成?

(2)本实验中,苯甲醛和苯乙酮的羟醛加成产物为什么不稳定?

实验 63　合成二苯基羟乙酸

在碳达峰、碳中和目标背景下,化学合成趋向于更加原子经济、成本经济、绿色可持续。设计组合实验,综合利用实验产物,达到实验产物循环利用的目的,减少试剂使用和废物排放。此外,在组合实验各环节中,每个部分既独立又关联,例如本实验以苯甲醛为起始原料,经三步反应合成二苯基羟乙酸,由于上一步反应的合成产物就是下一步反应的反应物,对学生的每一个实验步骤和操作都有更高的要求,这样的组合实验有利于培养学生认真细致的工作态度;再者,它涵盖了众多有机化学实验基本操作技能,使学生在实验方法和实验技能上得到全面的训练。

Ⅰ　安息香的辅酶合成

一、实验目的

学习在维生素 B_1(Thiamine)的催化作用下,苯甲醛发生缩合反应生成安息香的原理和方法。

二、实验原理

本实验以维生素 B_1 作催化剂,在碱性条件下,苯甲醛分子间发生反应生成安息香:

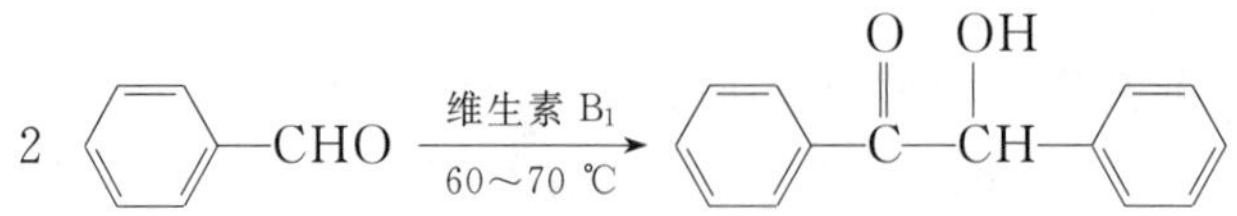

反应机制类似于羟醛缩合反应,见注意事项(4)。

二芳基乙醇酮(安息香)在有机合成中常被用作中间体。它可以被氧化成 α-二酮,也可以在相应条件下被还原而生成二醇、烯、酮等各种类型的还原产物。同时,二芳基乙醇酮是双官能团化合物,既有羟基又有羰基,能发生许多化学反应。

三、主要试剂

9.5 mL(0.09 mol)苯甲醛、1.8 g 维生素 B_1(盐酸硫胺素)、10%氢氧化钠溶液、95%乙醇。

四、实验步骤

在 100 mL 的圆底烧瓶中加入 1.8 g 维生素 B_1、6 mL 蒸馏水和 15 mL 95%乙醇,用塞子塞上瓶口,用另一支试管取 5 mL 10%氢氧化钠溶液,把上述盛有物料的圆底烧瓶和试管放在冰浴中冷却。冷冻 15 min,务必使之充分冷冻。

用小量筒量取 10 mL 新蒸过的苯甲醛。将冷透的氢氧化钠溶液(约 -5 ℃)加入上述冰浴中的圆底烧瓶中,并立即将苯甲醛也加入圆底烧瓶中,充分摇动使混合均匀。然后,在圆底烧瓶上安装回流冷凝管,加几粒沸石,在水浴中慢慢加热使之反应,水浴温度控制在 60～75 ℃,勿使反应物剧烈沸腾。反应混合物呈橘黄或橘红色均相溶液。反应约 90 min。撤去水浴,使反应混合物自然冷却至室温,此时有浅黄色针状安息香晶体析出,再将圆底烧瓶放到冰浴中冷却,令其结晶完全。如果反应混合物中出现油层,重新加热使其变成均相,再慢慢冷却,重新结晶。如有必要可用玻璃棒摩擦圆底烧瓶内壁,促使其结晶。

结晶完全后用布氏漏斗抽滤收集粗产品,用少量冷水分两次洗涤结晶。称重,计算收率。产品质量为 4～5 g。

粗产品可用 80%乙醇进行重结晶,如产物呈黄色,可加少量活性炭脱色。安息香纯产品为白色针状晶体,熔点为 137 ℃。

五、注意事项

(1)维生素 B_1 在酸性条件下是稳定的,但易吸水,在水溶液中易被空气氧化失效。遇光和 Cu、Fe、Mn 等金属离子均可加速氧化。在氢氧化钠溶液中噻唑环易开环失效。因此,维生素 B_1 溶液和氢氧化钠溶液在反应前必须用冰水充分冷却,否则,维生素 B_1 在高温、碱性条件下会分解。这是本实验成败的关键。

(2)反应过程中,溶液在开始时不必沸腾,反应后期可以适当升高温度至缓慢沸腾(80～90 ℃)。

(3)反应完成后,混合物自然冷却至室温时,如果没有晶体析出,可加入少量晶种令结晶产生。

(4)辅酶合成机制说明如下。苯甲醛在氰化钠(钾)的作用下,于乙醇中加热回流,两分子苯甲醛间发生缩合反应,生成二苯乙醇酮,或称安息香,因此把芳香醛的这一类缩合反应称为安息香缩合反应。反应机制类似于羟醛缩合,也是碳负离子对羰基的亲核加成反应,通常用氰化钠(钾)作催化剂。

反应过程如下:

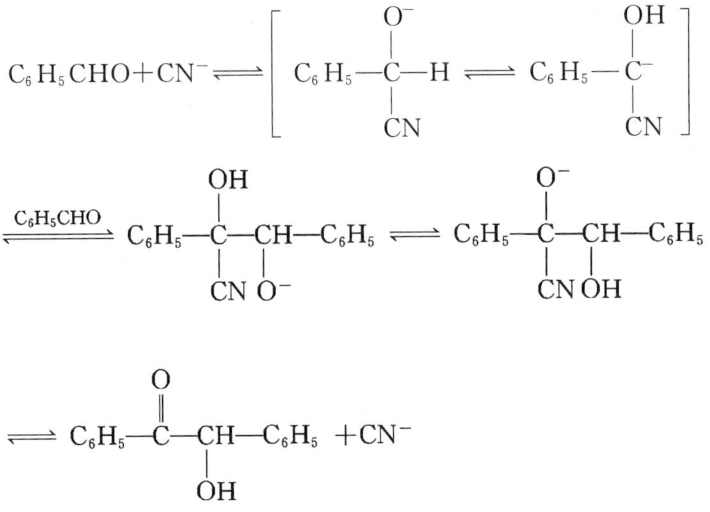

$$C_6H_5CHO + CN^- \rightleftharpoons \left[C_6H_5-\overset{O^-}{\underset{CN}{\overset{|}{C}}}-H \rightleftharpoons C_6H_5-\overset{OH}{\underset{CN}{\overset{|}{C}}}{}^- \right]$$

$$\overset{C_6H_5CHO}{\rightleftharpoons} C_6H_5-\overset{OH}{\underset{CN}{\overset{|}{C}}}-\overset{}{\underset{O^-}{\overset{|}{C}H}}-C_6H_5 \rightleftharpoons C_6H_5-\overset{O^-}{\underset{CN}{\overset{|}{C}}}-\overset{}{\underset{OH}{\overset{|}{C}H}}-C_6H_5$$

$$\rightleftharpoons C_6H_5-\overset{O}{\overset{\|}{C}}-\overset{}{\underset{OH}{\overset{|}{C}H}}-C_6H_5 + CN^-$$

二苯乙醇酮(安息香)

由于氰化物是剧毒品,使用不当会有危险,因此本实验用维生素 B_1 盐酸盐代替氰化物催化安息香缩合反应,反应条件温和,无毒,收率较高。

维生素 B_1 的化学名称是硫胺素或噻胺,其结构式为

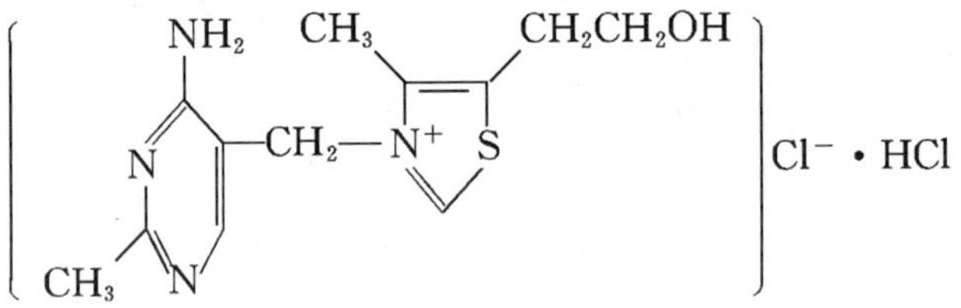

嘧啶环　　　　噻唑环

在反应中,维生素 B_1 的噻唑环上的氮和硫的邻位氢在碱的作用下被夺走,成为碳负离子,形成反应中心,其机制如下。

首先,在碱作用下形成碳负离子,该碳负离子和邻位氮正离子形成一个稳定的邻位两性离子叶利德(Ylid)。

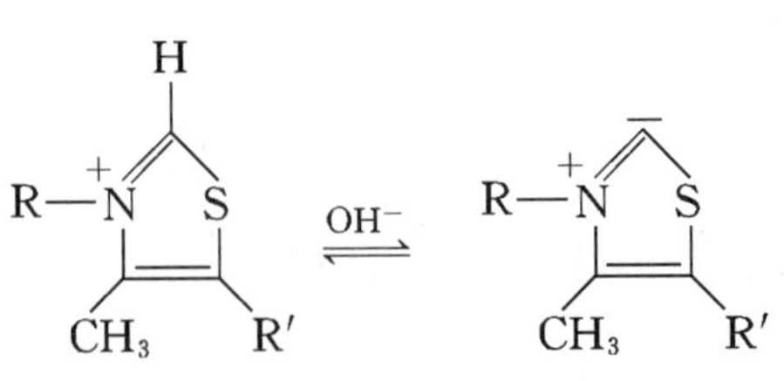

(维生素 B_1)　　　　　　(Ylid)

随后,Ylid 与苯甲醛反应,噻唑环上碳负离子与苯甲醛的羰基作用形成烯醇加合物,环上的氮原子起到调节电荷的作用。

然后,烯醇加合物再与另一分子苯甲醛作用形成一个新的辅酶加合物。

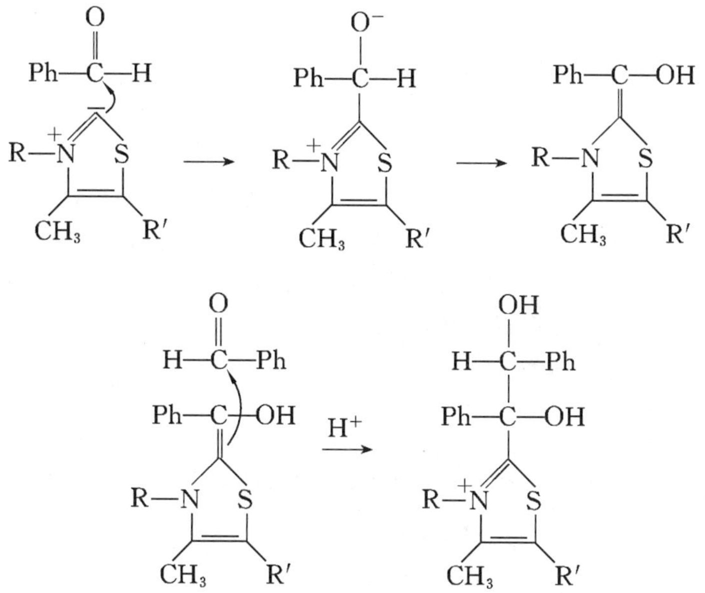

最后,辅酶加合物离解成安息香,辅酶复原。

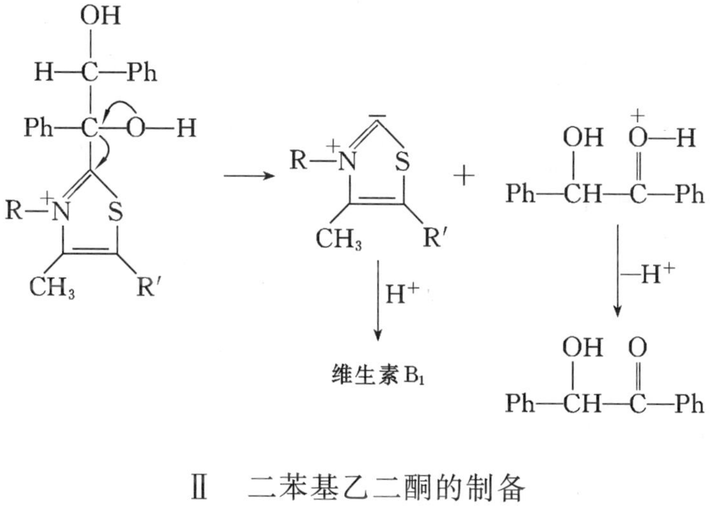

Ⅱ　二苯基乙二酮的制备

一、实验目的

学习把二芳基乙醇酮(安息香)氧化成苯偶酰(α-二酮)的方法。

二、实验原理

在酸性条件下,以三价铁为氧化剂,把偶姻氧化为偶酰。反应式为

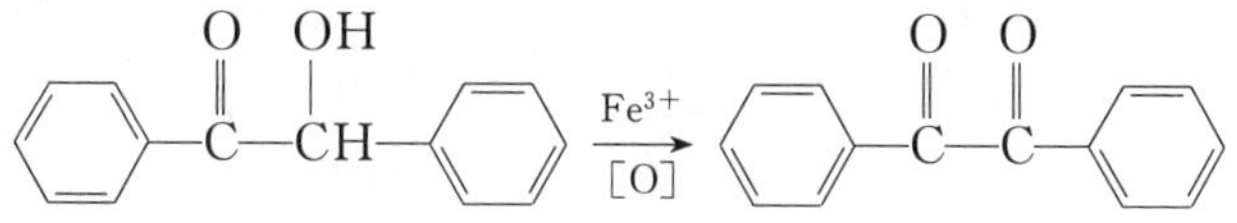

三、主要试剂

4.3 g(0.02 mol)安息香(自制)、18 g 六水合三氯化铁、冰醋酸。

四、实验步骤

在 250 mL 圆底烧瓶中加入 20 mL 冰醋酸、10 mL 水、18 g FeCl$_3$·6H$_2$O,装上回流冷凝管,磁力搅拌器搅拌,加热至沸。停止加热,待沸腾平息后,加入 4.3 g 安息香,搅拌下继续加热回流 50 ~ 60 min;加入 100 mL 水,煮沸后冷却,有黄色固体析出,抽滤,用少量冷水洗涤固体 3 次。粗产品用 95% 乙醇重结晶。产量约 3 g,熔点为 92~94 ℃。

五、注意事项

趁热抽滤时,速度要快,以免漏斗堵塞,影响产物分离。漏斗最好预热,并可考虑用少量棉花塞在漏斗口进行过滤。因为是在酸性条件下进行热过滤,注意防止滤纸破损。

Ⅲ 二苯基羟乙酸的制备

一、实验目的

了解碱性条件下苯偶酰重排反应的机理,学习利用重排反应制备二苯基羟乙酸。

二、实验原理

苯偶酰类化合物在强碱作用下,发生分子内重排生成 α-羟基酸。反应式为

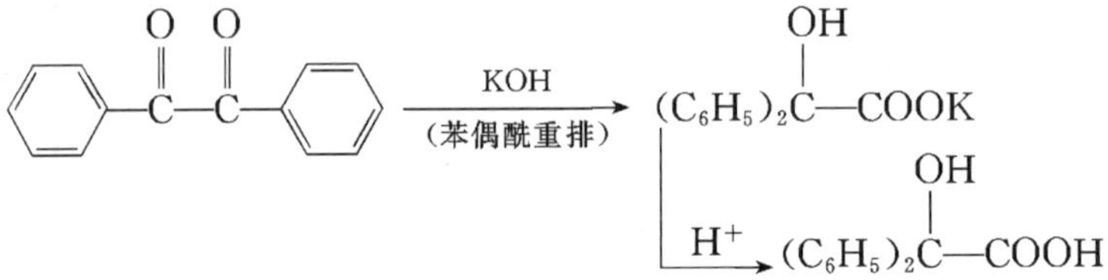

三、主要试剂

2 g(0.009 mol)二苯基乙二酮(自制)、氢氧化钾、浓盐酸。

四、实验步骤

将 5 mL 水放入 50 mL 圆底烧瓶中,加入 5 g 氢氧化钾并使之溶解,然后加入 5 mL 95% 乙醇,混合均匀。将 2 g 二苯基乙二酮加入其中并振荡。此时溶液呈深紫色。待固体全部溶解后,安装回流冷凝管,水浴上煮沸 15 min。加热过程即有固体析出。冷却,冰水中放置 1 h 后,抽滤,用少量无水乙醇洗涤固体,得白色二苯基羟乙酸钾盐。

将上述钾盐溶于 60 mL 水中,过滤除去不溶物。然后,边搅拌边滴加 6% 盐酸至溶液呈弱酸性,即有白色晶体析出。经放置冷却后,抽滤,将结晶物用冷水洗几次。干燥,称重,粗产品质量约 1.5 g。粗产品可用苯重结晶,产物熔点为 147~149 ℃。

五、注意事项

本重排反应亦可用氢氧化钠替代氢氧化钾进行。操作与氢氧化钾相同，只是回流加热和冷却后不出现钠盐结晶。可将反应物倒于 100 mL 水中，过滤除去不溶物后，用浓盐酸酸化至刚果红试纸变蓝，即有产品析出。

六、思考题

(1)本实验以苯甲醛为原料，经多步反应合成二苯基羟乙酸。结合实验者自身的实验情况，写出提高二苯基羟乙酸收率的关键步骤。

(2)合成 1,2-二羰基化合物，除了用本实验的方法外，还有什么方法？请列出相关的合成方法。

实验 64　合成己内酰胺

本实验是以环己醇为原料，由环己酮的制备、环己酮肟的制备和己内酰胺的制备三个简单实验组合而成。

Ⅰ　环己酮的制备

一、实验目的

学习由环己醇氧化制备环己酮的微型实验操作技术。

微型实验是指以最少量的试剂在微型仪器装置中进行的实验，它具有处理物量少、操作简便快速、节省经费、减少污染、安全等优点，而且对于培养学生严谨的科学态度和精细的操作技能也是有益的。

本实验为微型实验，连续合成可按实际需要，根据最后产物的量推算原料用量。

二、实验原理

以铬酸为氧化剂，控制反应条件可以使二级醇氧化为酮。反应式如下：

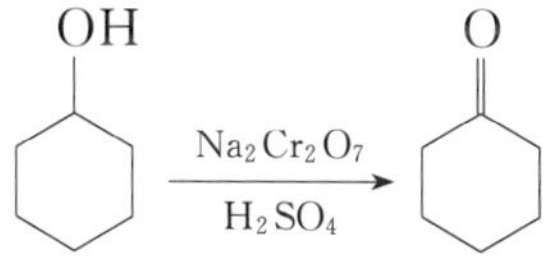

三、主要试剂

0.63 mL(0.006 mol)环己醇、1.2 g(0.004 mol)二水合重铬酸钠、浓硫酸、5%碳酸钠溶液。

四、实验步骤

将 1.2 g $Na_2Cr_2O_7 \cdot 2H_2O$ 溶解于 1.8 mL 水中，慢慢加入 0.9 mL 浓硫酸，最后加水稀

释至 6 mL,冷却至 0 ℃备用。

将 0.63 mL 环己醇加入 10 mL 圆底烧瓶中,冷却至 0 ℃,装上回流冷凝管,搅拌下从冷凝管口将已冷却至 0 ℃的铬酸溶液在 5 min 内用滴管滴入烧瓶中(加料不能太快,否则会引起反应温度的急剧上升),加完后快速搅拌20 min,反应完毕,将反应物移至分液漏斗中①,加入 3 mL 乙醚萃取②,分出乙醚层,再用 3 mL 乙醚萃取水层两次,合并乙醚层,用 2 mL 5％碳酸钠溶液洗涤 1 次,2 mL 水洗涤 2 次。

用滴管做一微型干燥柱③,将乙醚层通过干燥柱干燥,最后用少量乙醚淋洗干燥柱,用已称量的 10 mL 锥形瓶收集乙醚,用温水浴将乙醚蒸出,得无色液体,产量约 0.45 g,收率为 75％。

五、思考题

(1)本实验所用重铬酸钠可否用重铬酸钾代替,为什么?

(2)现有 2-甲基-2-丙醇和 2-丁醇各一瓶,可否用铬酸溶液把它们区别开来,怎样操作,观察到什么现象,为什么?

Ⅱ　环己酮肟的制备

一、实验目的

了解环己酮肟的制备原理和方法。

二、实验原理

$$\langle\ \rangle{=}O + NH_2OH \longrightarrow \langle\ \rangle{=}NOH + H_2O$$

三、主要试剂

1.6 mL(0.015 mol)环己酮、羟胺盐酸盐、碳酸钠。

四、实验步骤

在 50 mL 锥形瓶中放入 10 mL 水和 1.3 g 羟胺盐酸盐,摇动使之溶解。加入 1.6 mL 环己酮,摇动使之混合均匀。在一烧杯中将 0.9 g 碳酸钠溶于 8 mL 水中。在摇动下将碱液缓慢地滴加到锥形瓶中,约用 30 min。反应过程中释放出大量二氧化碳气体,并有白色固体析出。间歇振荡约 15 min 后把锥形瓶放入冰水浴中冷却。将混合物抽滤,固体用少量冷水洗涤,抽干,并尽量压尽水分。取出固体产物,放在空气中晾干,得白色环己酮肟粉末,产量约为 1 g,熔

---

① 若反应用料很少,反应完毕可将反应液转移到 10 mL 离心试管中,管口加一塞子,振荡、放气、静置,用毛细管吸出乙醚层。后面水洗方法相同。

② 此时分液漏斗中上、下两层都带深棕色,不易看清其界面,加入少量乙醚或水则可看清。

③ 该干燥柱用一支长约 15 cm 的滴管按顺序用少量棉花、0.05 g 石英砂、1 g 无水氧化铝、1 g 无水硫酸镁、0.05 g 石英砂依次填塞而成,并先用无水乙醚润湿柱体。过柱时如果溶液渗滤速度慢,可用吸球在管口吹气加压。

点为 86～89 ℃,可直接用于贝克曼(Beckmann)重排实验。

五、注意事项

(1)羟胺只能存在于水溶液中,得不到纯的羟胺,通常是以强酸盐的形式存在。使用时,用等物质的量的可溶性弱酸盐在水溶液中与其反应,游离出羟胺。

(2)反应中析出的白色固体物质即产品环己酮肟,若呈球状,说明反应还未完全,还要继续振荡。

(3)环己酮肟易溶于水,因此,应将反应混合物放在冰水浴中冷却后再过滤,同时用少量水(最好是冰水)洗涤粗产品,否则会降低收率。

六、思考题

(1)碳酸钠溶液为什么要缓慢滴加到锥形瓶中?

(2)除了碳酸钠以外,还可以用什么碱?

Ⅲ 己内酰胺的制备

一、实验目的

了解贝克曼(Beckmann)重排的原理,学习己内酰胺的制备方法。

二、实验原理

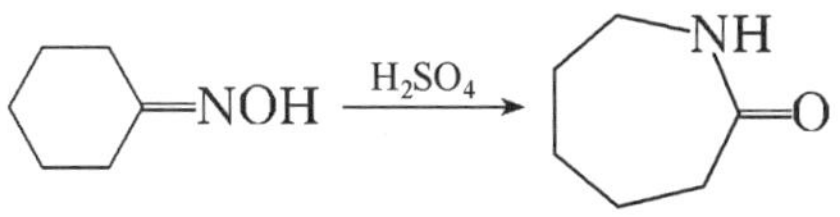

三、主要试剂

0.5 g(0.0044 mol)环己酮肟、85％硫酸、20％氨水。

四、实验步骤

在 50 mL 烧杯中加入 0.5 g 干燥的环己酮肟和 1 mL 85％硫酸。边加热边搅拌至沸腾,立即移开热源。冷却至室温后再放入冰水浴中冷却。慢慢滴加 20％氨水(约 7 mL)恰至碱性,将反应物转移至 10 mL 分液漏斗中分出有机层①,水层用二氯甲烷萃取两次,每次用二氯甲烷2 mL,合并有机层,并用等体积水洗涤两次后,用无水硫酸镁干燥,过滤所得滤液用已称重的锥形瓶接收,将锥形瓶在温水浴的温热下,在通风橱中浓缩至 1 mL 左右,放置冷却,析出白色晶体②。将该锥形瓶放入真空干燥器中干燥,称量,得 0.2～0.3 g 的产物,收率为 40％～50％。己内酰胺可用环己烷进行重结晶,其熔点文献值为 68～70 ℃。

---

① 如未见有机层,反应物可直接用二氯甲烷萃取两次。

② 浓缩后,在通风橱中放置,约一周后,有大量晶体产物析出。

五、注意事项

(1)由于重排反应进行得很剧烈,故需用大烧杯以利于散热,使反应缓和。环己酮肟的纯度对反应有影响。

(2)用氨水进行中和时,开始时慢慢滴加,不断搅拌,因此时溶液较黏稠,故反应放热很剧烈。若开始时加得过快,温度会突然升高,影响收率。

(3)干燥后的有机物,也可用水浴先蒸去溶剂,然后减压蒸馏,收集 140~144 ℃的馏分,趁热转移产品。

六、思考题

(1)反式甲基丙基酮肟经贝克曼重排得到什么产物?

(2)某肟发生贝克曼重排得到 N-甲基丙酰胺,试推测该肟的结构。

实验 65　合成二苯甲醇

Ⅰ　二苯酮的制备

一、实验目的

(1)学习二苯酮的制备原理和方法。
(2)学习、巩固无水和气体吸收的操作技术。

二、实验原理

在无水三氯化铝存在下,较活泼的芳香族化合物与酰氯(或酸酐)经 Friedel-Crafts 酰基化反应是制备芳香酮的主要方法。二苯酮可通过苯与苯甲酰氯反应制得,反应式如下:

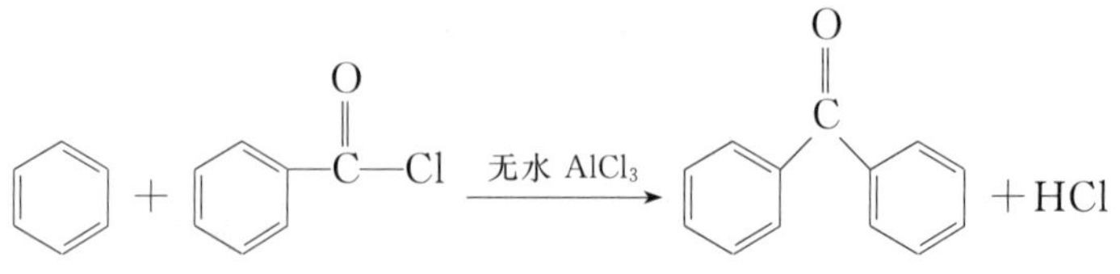

三、主要试剂

无水苯 15 mL(0.169 mol)、苯甲酰氯 3 mL(0.026 mol)、无水三氯化铝 4 g(0.029 mol)。

四、实验步骤

100 mL 二口烧瓶中安装磁力搅拌器、滴液漏斗和球形冷凝管。冷凝管上口装有氯化钙干燥管,干燥管另一端接气体吸收装置。迅速称取 4 g 无水三氯化铝加入到二口烧瓶中,并立刻注入 15 mL 无水苯;搅拌下经滴液漏斗滴加 3 mL 新蒸苯甲酰氯,约 10 min 滴加完。此时,反应液由无色变为黄色,三氯化铝逐渐溶解。

于 50～55 ℃水浴中加热反应瓶,至无氯化氢气体逸出。需时约 1 h,反应液变为深棕色。将反应瓶冷至室温,并放入冰水浴中。将 25 mL 冰水和 12.5 mL 浓盐酸混合均匀,搅拌和冷却下经滴液漏斗缓慢滴加入上述反应瓶中。反应物移入分液漏斗,分液,有机层依次用 8 mL 5％氢氧化钠溶液和 8 mL 水洗涤;分出有机层,用无水硫酸镁干燥。将干燥后的液体滤入蒸馏瓶,水泵减压蒸除过量的苯。剩余物减压蒸馏,收集 149～152 ℃/933 Pa(7 mmHg)的馏分,产物约 3 g。产物为无色黏稠液体,冷却后固化,熔点 48 ℃。

五、实验说明

Friedel-Crafts 酰基化反应的原理和实验说明请参见实验 22"苯乙酮的制备"。

Ⅱ 还原反应制备二苯甲醇

一、实验目的

(1)学习由酮还原制备醇的原理及方法。
(2)练习半微量实验。

二、实验原理

二苯甲醇的合成方法是通过还原剂(如锌粉、硼氢化钠等)还原二苯甲酮得到。在碱性醇溶液中用锌粉还原,是制备二苯甲醇常用的方法,适用于中等规模的实验室制备。对于小量合成,硼氢化钠是更理想的试剂。以锌粉作还原剂,经还原反应制备二苯甲醇的反应式如下:

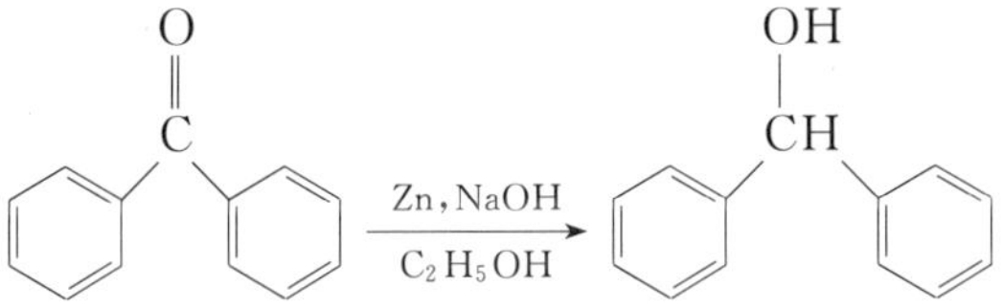

三、主要试剂

1.1 g (0.006 mol)二苯甲酮、1 g(0.015 mol)锌粉、氢氧化钠、浓盐酸。

四、实验步骤

在 50 mL 圆底烧瓶中,依次加入 10 mL 95％乙醇、1 g 氢氧化钠、1.1 g 二苯甲酮及 1 g 锌粉,装上球形冷凝管,室温下充分搅拌 20 min 后,在 70～80 ℃的水浴中加热 5～10 min,使反应完全。反应毕,用布氏漏斗抽滤,固体用少量乙醇洗涤,收集滤液。滤液倒入盛有 60 mL 冷水的烧杯中(冰水浴冷却),此时溶液呈乳浊液,小心用浓盐酸酸化使 pH＝5～6。抽滤,收集固体。粗产物于红外灯下(应低于 50 ℃)干燥,粗产物重约 1 g。然后,1 g 粗品用 10 mL 石油醚(60～90 ℃)重结晶,得白色针状结晶约 0.8 g,熔点 68～69 ℃。

五、实验说明

(1)为使实验顺利进行,二苯甲酮和氢氧化钠必须研碎。

（2）反应初时宜在室温或 40℃温水浴下反应；之后，热水浴可以控制在 70～75 ℃，时间最好是 5 min，时间太长易发生颜色变化（变黄，严重者发红）。反应液颜色为灰黑色是正常的。若溶液发红，可能反应不成功。

（3）酸化时，溶液的酸性不宜太强，以 pH＝5～6 为宜。否则，难以析出固体。

实验 66　合成苯频哪酮

Ⅰ　光化学还原制备苯频哪醇

一、实验目的

学习二苯酮经光化学还原制备苯频哪醇的原理和方法。

二、实验原理

二苯酮的光化学还原是研究得较清楚的光化学反应之一。将二苯酮溶于"质子"溶剂中，如异丙醇，并将其表露于紫外光中时，会形成一种不溶性的二聚体——苯频哪醇。反应式如下：

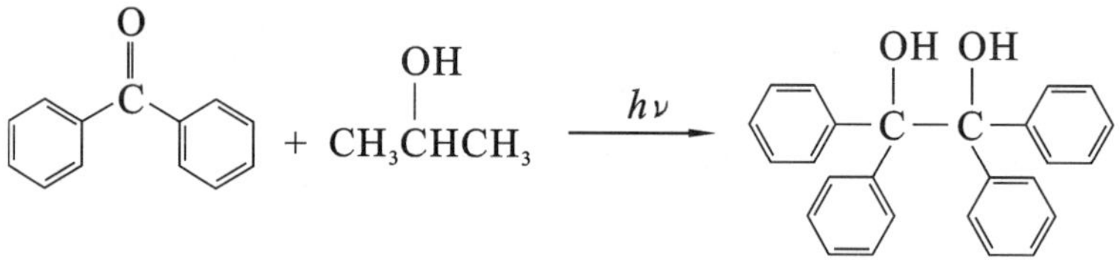

三、主要试剂

2.8 g(0.015 mol)二苯酮、异丙醇、冰醋酸。

四、实验步骤

在 25 mL 圆底烧瓶[①]中，加入 2.8 g 二苯酮和 1 滴冰醋酸[②]。再用异丙醇将烧瓶充满，用磨口塞或干净的橡皮塞将瓶塞紧，尽可能排除瓶内的空气，必要时可补充少量异丙醇，用细棉绳或橡皮筋将塞子固定扎牢。将烧瓶倒置于烧杯中，放在向阳的平台上，光照 1～2 周[③]。由于生成的苯频哪醇在溶剂中溶解度很小，随着反应进行，苯频哪醇晶体从溶液中析出。待反应完成后，在冰浴中冷却使晶体完全析出。减压抽滤，用少量异丙醇洗涤晶体，收集晶体。干燥后得到白色晶体，重 2～2.5 g，熔点 187～189 ℃。产品已足够纯净，可直接用于下一步合成。

---

①　光化学反应一般需在石英皿中进行，因为需要波长更短的紫外光的照射，但二苯酮激发的 n—π^* 跃迁所需要的照射约为 350 nm，这是易透过普通玻璃的波长。

②　加入冰醋酸是为了中和玻璃器皿中微量的碱。碱性条件下苯频哪醇易裂解生成二苯甲酮和二苯甲醇，对反应不利。

③　反应进行的程度取决于光照情况。如阳光充足，直射下 4 d 即可完成反应；如阴冷天气，则需一周或更长的时间。但时间长短并不影响反应的最终结果。若用日光灯照射，反应时间可明显缩短，3～4 d 即可完成。

五、思考题

(1)合成苯频哪醇化合物,除用本实验的方法外,还有什么方法? 请列出相关的合成方法。

(2)试写出二苯酮经光化学还原生成苯频哪醇的反应机理。

(3)试写出在氢氧化钠存在下,苯频哪醇分解为二苯酮和二苯甲醇的反应机理。

Ⅱ　苯频哪酮的制备

一、实验目的

学习苯频哪醇经重排反应合成制备苯频哪酮的原理和方法。

二、实验原理

频哪醇重排(pinacol)反应又称"呐夸重排",是一类亲核重排反应,反应中,频哪醇在酸性条件下发生消除并重排生成不对称酮。反应式如下:

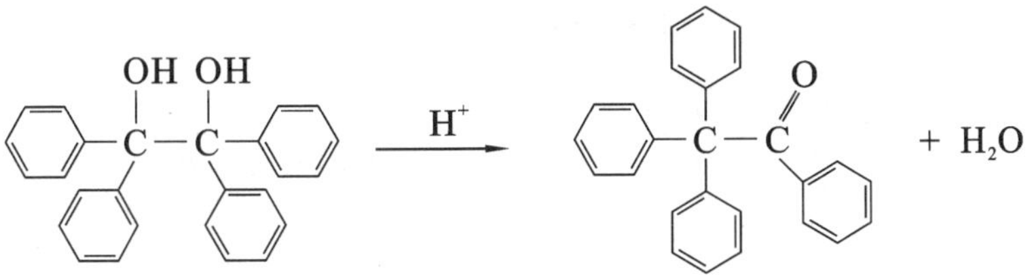

三、主要试剂

1.46 g(0.004 mol)苯频哪醇(自制)、冰醋酸、碘。

四、实验步骤

向 50 mL 圆底烧瓶中加入 1.46 g 苯频哪醇、8 mL 冰醋酸和一小粒碘片,装上回流装置,加热回流 10 min。稍冷,加入 8 mL 95%乙醇,充分振摇后让其自然冷却结晶。减压过滤,用少量冷醋酸洗除吸附的游离碘,干燥称重,产物约 1.2 g,熔点 180～181 ℃。纯苯频哪酮熔点为 182.5 ℃。

五、思考题

写出在酸催化下,苯频哪醇重排为苯频哪酮的反应机理。

实验 67　硝基苯的多步转化

掌握官能团及其相互间的转化是学习有机化学基础知识的关键,实验则是了解官能团及其反应性质最直接的手段。通过合理设计将常见官能团的选择性连续转化融入紧凑的反应中,则便于学生直观学习相关知识。硝基是转化多样、涉及反应类型丰富的一种重要官能团,本实验通过紧凑多步的实验设计,实现硝基官能团的一系列连续转化,反应现象丰富,实验用时合理,使学生能专注于实验本身,减少以往有机化学反应实验的等待过程,促使学生统筹规划实验步骤和进程,做到有条不紊。通过实验训练,使学生具备学科前沿研究的基本技能,创新性利用所学知识解决具体问题,并培养良好的科研素养。

Ⅰ　N-羟基-N-苯基乙酰胺的制备

一、实验目的

(1)学习硝基化合物的选择性还原。
(2)学习羟胺化合物的选择性保护。
(3)学习负载型金属催化剂的反应活性及实用性。

二、实验原理

硝基苯在负载型催化剂 Rh/C 的作用下,被水合肼分解产生的氢气还原,可选择性地得到硝基还原产物羟胺化合物。若不能很好地控制反应时间,则反应可还原得到副产物苯胺。羟胺化合物可由乙酰氯选择性保护得到 N-羟基-N-苯基乙酰胺。

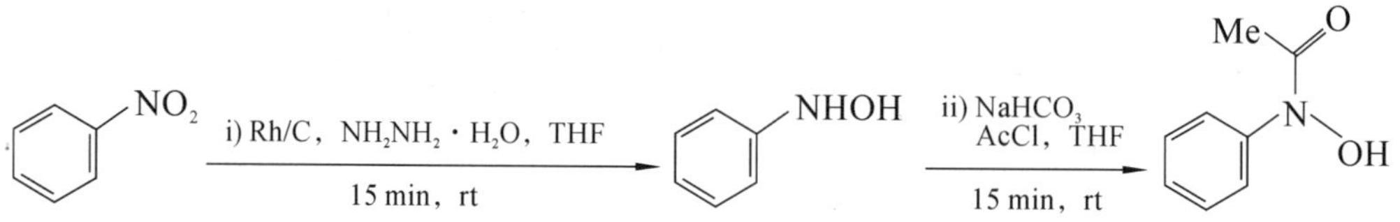

三、主要试剂

123 mg(1 mmol)硝基苯、6.6 mg 干燥 5% Rh/C、0.058 mL(1.2 mmol)水合肼、0.085 mL(1.2 mmol)乙酰氯、102 mg(1.2 mmol)碳酸氢钠。

四、实验步骤

在装有磁力搅拌子的 100mL 圆底烧瓶中,加入 123 mg 硝基苯、6.6 mg 5% Rh/C (0.6 mol% Rh)、10 mL 无水四氢呋喃。把反应瓶固定在磁力搅拌器上,反应混合溶液在室温、空气下搅拌。60 mg 水合肼逐滴加入上述反应液中,可观察到反应立刻产生大量气泡,分散很好的 Rh/C 催化剂聚集成块状。室温下搅拌反应 0.25 h,可见 Rh/C 大量粘附于瓶底。此时,一次性向反应体系中加入 102 mg NaHCO$_3$,随后加入 0.085 mL 乙酰氯和 2 mL 四氢呋喃的混合溶液。室温下搅拌反应 0.25 h,可观察到粘附于瓶底的 Rh/C 为黑色块状,溶液为无色浑浊。停止反应,将反应液用装有硅藻土的砂芯漏斗抽滤,用少量乙酸乙酯洗涤反应瓶,抽滤洗涤液,减压旋蒸浓缩滤液,晾干,可得白色固体产物。称量,计算产率。

五、思考题

(1)硝基化合物的还原产物有哪些?
(2)试列举选择性还原硝基,得到单一还原产物的条件。

II　2-对甲基苯磺酸酯乙酰苯胺的制备

一、实验目的

(1)学习[3,3]-σ 重排。
(2)了解多步反应的原理。
(3)掌握化合物的分离纯化及结构鉴定。

二、实验原理

苯基羟胺选择性保护的中间体 N-羟基-N-苯基乙酰胺在较强碱(三乙胺)的作用下与对甲苯磺酰氯反应,中间产物在室温下就可以经[3,3]-σ 重排获得相应的邻氨基酚衍生物。

三、主要试剂

150 mg(1 mmol)N-羟基-N-苯基乙酰胺(自制)、380 mg(1.8 mmol)对甲苯磺酰氯、0.28 mL 三乙胺。

四、实验步骤

在装有磁力搅拌子的 100 mL 圆底烧瓶中,加入 150 mg N-羟基-N-苯基乙酰胺、20 mL 无水四氢呋喃、380 mg 对甲苯磺酰氯、0.28 mL 三乙胺。混合液在室温下搅拌反应 3 h。停止反应,将反应液用装有硅藻土的砂芯漏斗抽滤,用少量乙酸乙酯洗涤反应瓶,抽滤洗涤液,减压旋蒸浓缩滤液,剩余物通过柱色谱分离(淋洗剂为乙酸乙酯:石油醚＝1:5,V/V),可得浅黄色固体产物。称量,计算产率。

产物结构可通过核磁氢谱、碳谱测定,高分辨质谱测定确证。

五、思考题

(1)试列举几例[3,3]-σ 重排反应。
(2)反应中三乙胺的作用是什么？反应后三乙胺以何种形式存在？

实验 68　对甲氧基苯酚电化学唑胺化反应及产物的红外测试

近些年,仅以电流作为唯一的氧化剂或还原剂,驱动有机化学反应的电合成焕发新的活力。本实验首次将电合成有机化学反应引入学生基础实验中。通过合理设计,以苯酚衍生物和含氮杂芳环为原料,利用简单的电化学反应装置,实现 C—N 键的构筑,合成唑胺化芳烃。

希望通过电化学方法合成有机化合物的训练,引发学生对绿色有机合成的新思考,训练学生综合运用有机合成知识及物理化学知识的能力。

Ⅰ　目标化合物的制备

一、实验目的

(1)学习电化学有机合成反应的基本操作。

(2)了解电化学有机合成的基本原理。

(3)了解红外光谱在有机分子结构解析中的应用。

二、实验原理

电化学有机合成反应一般在电极表面发生,也可以通过在电极表面产生活性介质,进而在溶液中引发反应。本实验反应在电极表面发生。可能的反应机理为:首先苯酚衍生物失去一个电子生成芳基自由基阳离子中间体 A,而后 4-硝基吡唑与之经 S_NAr 反应生成中间体 B,中间体 B 经进一步氧化生成中间体 C,最终产物 4-甲氧基-2-(4-硝基-1H-吡唑-1-基)苯酚可由中间体 C 经脱氢芳构化生成;氢离子在负极得到电子,释放氢气。

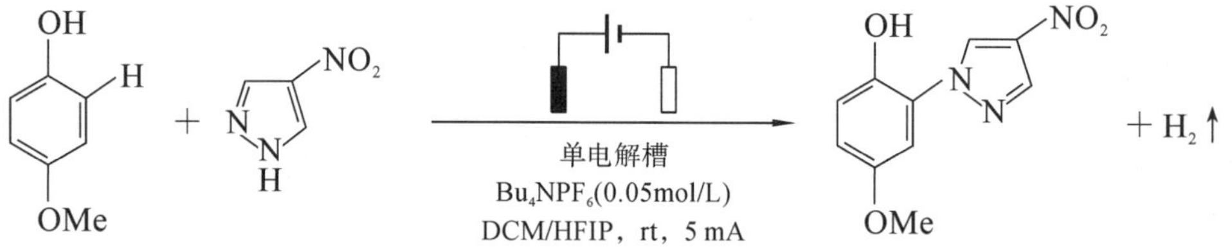

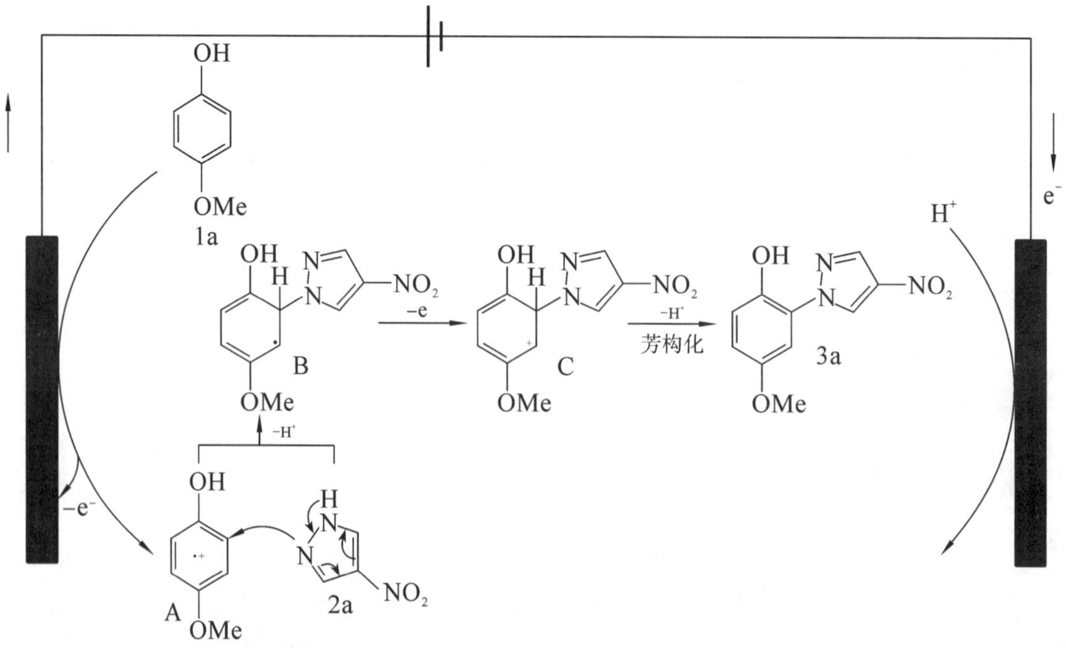

三、主要试剂

90 mg(0.73 mmol)4-甲氧基苯酚、50 mg(0.44 mmol)4-硝基吡唑、180 mg 四丁基六氟磷酸胺。

四、实验步骤

取干燥的三口烧瓶,装入洁净磁子。在分析天平中称取 90 mg 4-甲氧基苯酚、50 mg 4-硝基吡唑和 180 mg 四丁基六氟磷酸胺,并迅速转移至三口烧瓶内。以六氟异丙醇∶二氯甲烷 = 7∶3(V/V)的比例配制 5 mL 混合溶液作为反应介质,用滴管吸取加入三口烧瓶中。将铂电极(1.0 cm × 1.0 cm × 0.1 mm)插入橡胶塞并固定在三口烧瓶上,注意两电极之间略微错开,再将反应烧瓶固定在磁力搅拌器中心,插入气球,启动磁力搅拌器。使铂电极分别与电化学工作站正负极相接,调节电化学工作站使恒定电流至 10 mA,进行电解反应。反应过程中可观察到负极有气泡产生,反应液由无色变为棕黄色。反应过程中每隔 1 h 利用薄层色谱法监测原料的消耗和产物的生成(展开剂为石油醚(PE)∶ 乙酸乙酯(EtOAc) = 10∶1,V/V)。反应约 3 h 完毕,之后直接将反应液旋干,得到粗产品。取少许粗品用于红外光谱测定。剩余粗品溶于少许氯仿中,用湿法装柱法进行柱分离(淋洗剂与上述展开剂相同),得浅黄色固体产物 4-甲氧基-2-(4-硝基-1H-吡唑-1-基)苯酚(纯品)。称量,计算收率。测定纯品红外光谱。

五、思考题

若该反应用时为 3.5 h,则电流的利用效率是多少?

Ⅱ　产物的红外光谱测定

一、基本原理

不同的物质分子具有特定的结构。当不同波长的红外光束照射物质分子时,分子吸收特定波长的红外光并转变为能量,则分子特定结构的共价键会发生不同形式的振动,如伸缩振动(以 ν 表示)、弯曲振动(以 δ 表示)。由于不同类型的化学键振动需要的能量不同,因此每一种官能团就会有一个特征的吸收频率区。将照射分子的红外光用单色器进行色散,得到谱带,而后经过处理,以波长(λ)或波数(σ)为横坐标,以透射比(T)或吸光度(A)为纵坐标,则得到红外吸收光谱。通过分子吸收谱带的归属,可以推测分子中官能团的种类等信息。常见化学键型的红外吸收特征频率如表 3-2 所示。

表 3-2　常见化学键型的红外吸收特征频率

化　学　键	ν/cm^{-1}	强　度	化学键	ν/cm^{-1}	强　度
—SH	2600~2500	强	酯	1750~1730	强
C≡C—H(伸缩)	3300 附近	强	酸胺	1700~1640	强
C=C—H(伸缩)	3040~3010	强	酸酐	1800~1750	强
Ar—H(伸缩)	3030 附近	强	—NO₂	1300~1250	强

化　学　键	ν/cm^{-1}	强　度	化学键	ν/cm^{-1}	强　度
—CH₃(反对称伸缩)	2960 ± 5	强	C—O	$1300\sim1000$	强
—CH₃(对称伸缩)	2870 ± 10	强	C—O—C	$1150\sim900$	强
—CH₂—(反对称伸缩)	2930 ± 5	强	C—F	$1400\sim1000$	强
—CH₂—(对称伸缩)	2850 ± 10	中	C—Cl	$800\sim600$	强
—C≡C—	$2260\sim2100$	弱	C—Br	$600\sim500$	强
C=C	$1680\sim1620$	中	C—I	$500\sim200$	强
—OH(游离)	$3650\sim3580$	中	苯环及稠芳环中 C=C	1600,1580	弱
—OH(缔合)	$3400\sim3200$	中、强		1500,1450	弱
—NH₂,—NH(游离)	$3500\sim3300$	中	C=O 醛基	$1725\sim1715$	强
—NH₂,—NH(缔合)	$3400\sim3100$	中	酮	$1720\sim1705$	强

二、红外光谱测定

随着现代分析仪器的发展,样品的测试越来越简便。一般液体样品可直接滴在感应器界面直接测试,固体也可以直接测试。注意测试前需要首先对背景进行测试,样品测试过程中可直接扣除背景。

按照红外光谱仪的标准操作流程测试经提纯的 4-甲氧基-2-(4-硝基-1H-吡唑-1-基)苯酚的红外光谱,并与粗品对比,确定化合物中的特征官能团。

三、思考题

产物的红外吸收光谱中,硝基和酚羟基的特征振动峰各有什么特点?

实验 69　2-甲基-6-苯基吡啶的合成及利用核磁共振氢/碳谱分析产物结构

金属催化反应是一类非常重要的化合物衍生方法。通过完整实验的训练,使学生了解金属催化剂的应用技术、重要反应的架设技巧及后处理方法、常见化合物的分离技术、化合物结构推测和鉴定,并激发学生的探索精神和培养学生具备初步从事该领域科学研究的能力。

Ⅰ　目标化合物的合成

一、实验目的

(1)学习金属催化反应的基本操作。

(2)掌握半微量反应的基本操作及少量产物的分离操作。

(3)了解金属催化偶联反应的基本原理。

(4)了解核磁共振在有机分子结构解析中的应用。

二、实验原理

三、主要试剂

43 mg(0.25 mmol)2-甲基-6-溴吡啶、45 mg(0.375 mmol)苯硼酸、1 mg(0.00375 mmol)醋酸钯(II)(Pd(OAc)$_2$)、70 mg(0.5 mmol)K$_2$CO$_3$。

四、实验步骤

取一个 10 mL 试管,装入洁净磁子。用分析天平称取 43 mg 2-甲基-6-溴吡啶、45 mg 苯硼酸、70 mg K$_2$CO$_3$ 和 1 mg Pd(OAc)$_2$,加到试管中。试管用翻口塞封口,而后用注射器向试管注入 1 mL 二次水和 3 mL 乙醇。将上述试管置于 80℃油浴中,搅拌反应 30 min。反应液冷却至室温,倒入 15 mL 的盐水中,而后用 60 mL 乙酸乙酯分 4 次萃取。合并有机相,用无水硫酸镁干燥,过滤,旋蒸浓缩得粗品。将粗品溶于 1 mL 氯仿中,涂布于制备型薄层色谱板(硅胶板)进行分离(展开剂为石油醚(PE): 乙酸乙酯(EtOAc)= 5∶1,V/V)。将附着有产品的硅胶从制备型色谱板上刮下,浸泡于 15 mL 二氯甲烷中约 30 min。将浸泡液过滤、浓缩、晾干,得浅黄色固体产物 2-甲基-6-苯基吡啶,计算收率。样品可直接用于测试核磁共振氢谱及碳谱。

五、思考题

在合成反应中,Pd(OAc)$_2$的作用是什么? 在反应中钯经过了哪些状态?

Ⅱ 产物的核磁共振测定

一、基本原理

核磁共振谱是目前有机物结构测定中最常用的方法之一,新结构有机物的判定几乎均需要借助核磁共振谱。在有机物中,核自旋量子数 $I\neq0$ 的原子具有磁性,具有磁性的原子核能与外加磁场产生核磁共振,例如^{1}H、^{2}H、^{13}C、^{19}F、^{15}N、^{31}P 等原子均表现出磁性,均能产生核磁共振。在实际工作中,以氢谱(^{1}H)和碳谱(^{13}C)应用最广。就氢谱而言,质子周围有电子,则其实际感受的磁场强度要比外加磁场弱,即电子对外加磁场具有屏蔽作用。当质子处于不同化学环境时,其发生核磁共振需要的外加磁场强度不同,传递出不同的质子跃迁信号。我们将这种差异性的信号用化学位移(δ)表示。当质子所处位置的屏蔽作用越小时,所需外加磁场强度越小,此时化学位移值越大。不同基团中的质子化学位移总结如表 3-3、表 3-4 所示。

表 3-3 活泼 H 的化学位移范围(以氘代氯仿为试剂)

化合物类型	δ	化合物类型	δ
醇	0.5~0.55	RNH_2,R_2NH	0.4~3.5
酚(分子内缔合)	10.5~16.0	$ArNH_2$,Ar_2NH,$ArNHR$	2.9~4.8
其他酚(Ar—OH)	4.9~8.0	R—SH	0.9~2.5
烯酚(分子内缔合)	15.0~19.0	Ar—SH	3.0~4.0

表 3-4 常见基团中质子的化学位移

氢原子类型	δ	氢原子类型	δ
RCH_3	0.9	ArO—H	4~12
RCH_2R	1.3	RCOO—H	10.5~12
R_2CHR	2.0	RCOO—CH_3	3.7~4.1
$CR_2=CH_2$	4.6~5.9	$(RO)_2CH_2$	5.3
C≡C—H	2~3	RCO—CH_3	2~2.7
R—C≡C—CH_3	1.8	RCO—NH_2	5~8
Ar—H	6~8.5	R—NH_2	1~5
Ar—CH_3	2.3	RCH_2Cl	3.7
R—CO—H	9~10	RCH_2Br	3.5
RO—CH_3	3.8	RCH_2I	3.2
RO—H	4.5~9	$RCHCl_2$	5.8

二、核磁共振测定

化合物的核磁共振数据可通过核磁共振仪获取,目前最常用的核磁共振仪的型号有 300 MHz、400 MHz、500 MHz 等。核磁测试时,取特制的核磁管一支,根据所测分子的相对分子质量称取不同重量的样品加入核磁管(相对分子质量 500 以下时约 15 mg),再选用不同的氘代溶剂溶解待测物(常用氘代溶剂为 CD_3OD、CD_3COCD_3、$CDCl_3$、C_6D_6 和 DMSO-d_6),氘代溶剂用量在 0.5 mL 左右。

按核磁共振仪的标准操作流程测定上述合成所得 2-甲基-6-苯基吡啶的核磁共振氢谱和碳谱,并对谱中各峰进行归属。

三、思考题

产物的核磁共振谱中,吡啶环上的质子与苯环上的质子相比,谁的化学位移值更大? 甲基的化学位移在什么范围?

附　　录

附录一　部分常见化学物质的毒性

表1　相对急性毒性标准

级别	$LD_{50}/(mg/kg)$ 大鼠经口	$LC_{50}/(mg/L)$ 大鼠吸入	$LD_{50}/(mg/kg)$ 兔皮肤吸收	说明
0	5000 以上	10000 以上	2800 以上	无明显毒害
1	500～5000	1000～10000	340～2800	低毒
2	50～500	100～1000	43～340	中等毒害
3	1～50	10～100	5～43	高度毒害
4	1 以下	10 以下	5 以下	剧毒

①引自 An Identification System for Occupationally Hazardous Materials，17(1974)。

②LD_{50}为半数致死量，指被试动物(如大、小白鼠等)一次口服、注射或皮肤涂抹药剂后产生急性中毒而有半数死亡所需该药剂的量；LD_{100}则为绝对致死量或致死量，即被试动物全部死亡所需最低药剂的量。两者的单位都是 mg/kg。

③LC_{50}为半数致死浓度。

表2　部分常见化学物质的毒性

化学物质	急性毒性 (大鼠 LD_{50})	车间空气中最高允许浓度 /(mg/m³)	化学物质	急性毒性 (大鼠 LD_{50})	车间空气中最高允许浓度 /(mg/m³)
一氧化碳	狗 40(LD_{100},p. i.)	55	β-萘酚	2420(or)	0.1
光气	0.2(p. i.，LD_{100}) 3200 mg/m³(对人)	0.4	2,4-二硝基苯酚	30(or)	1
氰化钾	10(or)0.2(p. i.)	—	甲醛	800(or)1(p. i.)	3
汞	20～100(or)	0.1	乙醛	1930(or)	5
溴	—	0.7	2-丁酮	3400(or)6480 (兔、皮肤)	200
水合肼	129(or)	0.1			
臭氧	—	0.2	丙酮	5800	400
正己烷	28710(or)	300	丙烯醛	46(or)	0.25
正戊烷		2950	环己酮	2000(or)	200
环己烷	5500(or)	1050	苯乙酮	900～3000(or)	—
石油醚	—	$500×10^{-6}$	甲酸	1100(or)	1
乙炔	947(LD_{100},p. i.)	$1000×10^{-6}$	乙酸	3300(or)	5

续表

化学物质	急性毒性 (大鼠 LD_{50})	车间空气中 最高允许浓度 /(mg/m³)	化学物质	急性毒性 (大鼠 LD_{50})	车间空气中 最高允许浓度 /(mg/m³)
苯	5700(or)51(p.i.)	50	乙酸酐	1780(or)	20
二甲苯 (各异构体)	2000~4300(or)	435	乙酸乙酯	5620(or)	300
			氟乙酸	2.5(or)	0.2
甲苯	1000(or)	100	硫酸二甲酯	440(or)	0.1
萘	—	50	硫酸二乙酯	800(or)	—
溴甲烷	20(LD_{100},p.i.)	50	乙酸环己酯	6700(or)10000 (兔、皮肤)	—
氯仿	2180(or)	200			
二氯乙烷	680(or)	200	乙二酸二乙酯	50400(or)	—
四氯化碳	7500(or)150(p.i.) 1280(小鼠经口)	50	顺丁烯二酸酐	400(or)2620(兔、 皮肤)	1
二氯甲烷	1600~2000(or)	50	乙酰氯	910(or)	—
氯化苄	1231(or)	0.5	二氯乙酸	2820(or)510 (兔、皮肤)	—
甲醇	12880(or)200 (LD_{100},p.i.)	9			
乙醇	13660(or)20060(p.i.)	1000	三氯乙酸	200~400(or)<100 (腹腔)	2
异丙醇	5840(or)40(p.i.)	800	二甲苯甲酰胺	3700(or)	30
正丁醇	4360(or)3400 (兔、皮肤)	200	硝基苯	500(or)	5
			苯胺	200(or,LD_{100})(猫)	19
2-丁醇	6480(or)	450	对苯二胺	250(or)	—
叔丁醇	3500(or)	300	乙二胺	1160(or)	25
乙二醇	7330(or)	260	苯腈	316(小鼠、腹腔)	—
二甘醇	16980(or)	—	丙烯腈	78(or)	2(皮肤)
乙醚	300(p.i.)	400	乙腈	200~453.2(or)	3
聚乙二醇	29000(or)	—	苯肼	500(or,LD_{100})(兔)	15
聚丙二醇	2900(or)	—	重氮甲烷	剧毒	0.4
四氢呋喃	65(p.i.)(小鼠)	100	乙胺	400(or)390(兔、皮肤)	18
二氧六环	6000(or)20(p.i.)	200	三乙胺	460(or)570(兔、皮肤)	100
苯酚	530(or)	19	呋喃	120(p.i.)(小鼠)	0.5
甲酚(各异构体)	邻1350(or)对1800 (or)间2020(or)	22	N-乙基哌啶 氯化亚砜	56(小鼠、静脉) 2435(p.i.)	4.9
α-萘酚	2592(or)	0.5	吡啶	1580(or)	4

①or 为经口(mg/kg),p.i. 为每次吸入(数字表示 mg/m³ 空气),无特别注明者所用实验动物皆为大鼠。

②对车间空气中化学物质最高允许浓度,各国规定有所不同,这里是我国和德国、美国所用的较低数值,供参考。

附录二　各种气体和蒸气在空气中的爆炸极限(可燃性极限)

化合物	实验式	可燃性极限		化合物	实验式	可燃性极限	
		下限/(%)	上限/(%)			下限/(%)	上限/(%)
甲烷	CH_4	5.00	15.00	2-丁烯	C_4H_8	1.75	9.70
乙烷	C_2H_6	3.00	12.50	戊烯	C_5H_{10}	1.42	8.70
丙烷	C_3H_8	2.12	9.35	乙炔	C_2H_2	2.50	80.00
乙烯	C_2H_4	2.75	28.60	苯	C_6H_6	1.40	7.10
丙烯	C_3H_6	2.00	11.10	甲苯	C_7H_8	1.27	6.75
甲醇	CH_4O	6.72	36.50	邻二甲苯	C_8H_{10}	1.00	6.00
乙醇	C_2H_6O	3.28	18.95	环丙烷	C_3H_6	2.40	10.40
丙烯醇	C_3H_6O	2.50	18.00	氯甲烷	CH_3Cl	8.25	18.70
正丙醇	C_3H_8O	2.15	13.50	氯乙烷	C_2H_5Cl	4.00	14.80
异丙醇	C_3H_8O	2.02	11.80	溴甲烷	CH_3Br	13.50	14.50
正丁醇	$C_4H_{10}O$	1.45	11.25	氯乙烯	C_2H_3Cl	4.00	21.70
甲乙醚	C_3H_8O	2.00	10.00	环氧乙烷	C_2H_4O	3.00	80.00
二乙醚	$C_4H_{10}O$	1.85	36.50	氧化丙烯	C_3H_6O	2.00	22.00
二乙烯醚	C_4H_6O	1.70	27.00	二噁烷	$C_4H_8O_2$	1.97	22.25
乙醛	C_2H_4O	3.97	57.00	甲胺	CH_5N	4.95	20.75
丙酮	C_3H_6O	2.55	12.80	乙胺	C_2H_7N	3.55	13.95
丁酮	C_4H_8O	1.81	9.50	二甲胺	C_2H_7N	2.80	14.40
2-戊酮	$C_5H_{10}O$	1.55	8.15	二乙胺	$C_4H_{11}N$	1.77	10.10
2-己酮	$C_6H_{12}O$	1.35	7.60	三甲胺	C_3H_9N	2.00	11.60
甲酸甲酯	$C_2H_4O_2$	5.05	22.70	丙胺	C_3H_9N	2.01	10.35
甲酸乙酯	$C_3H_6O_2$	2.75	16.40	吡啶	C_5H_5N	1.81	12.40
乙酸甲酯	$C_3H_6O_2$	3.15	15.60	乙酸乙酯	$C_4H_8O_2$	2.18	11.40

附录三　常用试剂的配制和纯化

一、常用试剂的配制

1.2%溴的四氯化碳溶液的配制

每 100 mL 四氯化碳加入 1 mL 溴,振摇,储存于棕色瓶内备用。

2.2%氨水溶液的制备

取 9~10 倍体积的水稀释浓氨水即可。

3. 氯化亚铜氨溶液

取氯化亚铜1 g,加入1～2 mL浓氨水和10 mL水,用力振荡,然后静置,倾出溶液并投入一小块铜片(或一段铜丝),存入瓶中备用。

4. 1%硝酸银乙醇溶液的配制

称取1 g硝酸银,将其溶解于10 mL蒸馏水中,再加乙醇稀释到100 mL。

5. 硝酸铈铵溶液的配制

将100 g硝酸铈铵溶解于250 mL 2 mol/L热的硝酸中,冷却后过滤即可使用。

6. 盐酸-氯化锌(Lucas)试剂的配制

将无水氯化锌在蒸发皿中加强热熔融,稍冷后放在干燥器中冷却至室温,取出捣碎,称取136 g溶于90 mL浓盐酸中。溶解时有大量氯化氢气体和热量放出,放冷后储存于玻璃瓶中,塞严,防止潮气侵入。

7. 溴水溶液的配制

将15 g溴化钾溶解于100 mL水中,加入10 g溴,振荡。

8. 2,4-二硝基苯肼试剂的配制

将3 g 2,4-二硝基苯肼溶解于15 mL浓硫酸中,将所得溶液在搅拌下,缓慢倒入70 mL 95%乙醇和20 mL水的混合液中,过滤后即可使用。

9. 碘溶液的配制

取50 g碘化钾,溶于200 mL水中,再溶解25 g碘。

10. 斐林(Fehling)溶液的配制

因酒石酸钾和氢氧化铜混合后生成的配合物不稳定,故需分别配制,试验时将两种溶液混合。

Fehling I:结晶硫酸铜34.6 g溶于500 mL水中。

Fehling II:将酒石酸钾钠173 g和氢氧化钠70 g溶解于500 mL水中。

11. 托伦(Tollen)试剂

方法 I:取0.5 mL 10%硝酸银溶液于试管里,滴加氨水,开始出现黑色沉淀,再继续滴加氨水,边滴边摇动试管,直到沉淀刚好溶解为止,得澄清的硝酸银氨水溶液,即托伦试剂。

方法 II:取一支干净试管。加入1 mL 5%硝酸银,滴加5%氢氧化钠2滴,产生沉淀,然后滴加5%氨水,边摇边滴加,直到沉淀消失为止,即得托伦试剂。

无论 I 法或 II 法,氨的量不宜多,否则会影响试剂的灵敏度。I 法配制的托伦试剂较 II 法的碱性弱,在进行糖类实验时,用 I 法配制的试剂较好。

托伦试剂储存日久,会析出黑色的氮化银沉淀,它受震动时分解,会发生猛烈爆炸,有时潮湿的氮化银也能引起爆炸。因此 Tollen 试剂宜现用现配,不可久存。

12. 本尼迪特(Benedict)试剂的配制

取173 g柠檬酸钠和100 g无水碳酸钠,溶解于800 mL水中。再取17.3 g结晶硫酸铜溶解在100 mL水中,慢慢将此溶液加入上述溶液中,最后用水稀释至1 L。如溶液不澄清,可过滤之。

13. 1%三氯化铁溶液的配制

将1 g三氯化铁溶解于100 mL水中,因三氯化铁易于水解,溶解时会出现混浊,可滴加数滴浓盐酸,直至溶液透明为止。

14. 希夫(Schiff)试剂

方法Ⅰ:将 0.2 g 品红盐酸盐溶于 100 mL 新制的冷却饱和二氧化硫溶液中,放置数小时,直至溶液无色或淡黄色,再用蒸馏水稀释至 200 mL,存于玻璃瓶中,塞紧瓶口,以免二氧化硫逸散。

方法Ⅱ:溶解 0.5 g 品红盐酸盐于 100 mL 热水中,冷却后通入二氧化硫达饱和,至粉红色消失,加入 0.5 g 活性炭,振荡,过滤,再用蒸馏水稀释至 500 mL,保存在密闭瓶中。

方法Ⅲ:溶解 0.2 g 品红盐酸盐于 100 mL 热水中,冷却后,加入 2 g 亚硫酸氢钠和 2 mL 浓硫酸,最后用蒸馏水稀释至 200 mL。

希夫试剂应密封储存在暗冷处,倘若受热或见光,或露置空气中过久,试剂中的二氧化硫易失,结果又显桃红色。遇此情况,应再通入二氧化硫,使颜色消失后使用。但应指出,试剂中过量的二氧化硫愈少,反应就愈灵敏。

15. 饱和亚硫酸氢钠溶液

先配制 40% 亚硫酸氢钠水溶液,然后在每 100 mL 的 40% 亚硫酸氢钠水溶液中,加入不含醛的无水乙醇 25 mL,滤去析出的结晶,溶液呈透明清亮状。此溶液易被氧化和分解,应临用时配制。

16. 羟胺试剂

将 1 g 盐酸羟胺溶解于 200 mL 95% 乙醇中,加入甲基橙指示剂 1 mL,逐滴加入 5% 氢氧化钠的乙醇溶液,使溶液颜色刚刚变为橙黄色(pH=3.7~3.9)。

17. α-萘酚乙醇试剂的配制

取 α-萘酚 10 g,溶解于 95% 乙醇内,再用 95% 乙醇稀释至 100 mL,使用前配制。

18. 间苯二酚-盐酸试剂的配制

将 0.05 g 间苯二酚溶解于 50 mL 浓盐酸内,再用水稀释至 100 mL。

19. 苯肼试剂的配制

将 4 mL 苯肼溶解于 4 mL 冰醋酸和 36 mL 水的混合液中,若有颜色,则加入活性炭搅拌后过滤,把溶液储存于棕色瓶中。苯肼试剂放置时间过长会失效。

20. 淀粉溶液

取 1 g 干燥的可溶淀粉,用 6 mL 水调匀后,倒入 60 mL 沸水中,配成淀粉溶液。

21. 0.1% 碘溶液的配制

称取 0.1 g 碘和 0.2 g 碘化钾,将两者置于同一烧杯中,先加适量水使之全溶,再用蒸馏水稀释至 100 mL。

22. 茚三酮试剂的配制

称取 0.1 g 茚三酮,将其溶解于 50 mL 水中即得。配制后在 2 天内用完,放置过久易变质失效。

23. 蛋白质溶液的配制

取 25 mL 蛋清,加到 100~120 mL 水中,搅匀后用 2~3 层经水浸湿的纱布滤去析出的球蛋白即得。

24. 80％乙醇的配制

取 95％乙醇 100 mL,加入 15 mL 水混匀即得。

25. 70％乙醇的配制

取 95％乙醇 100 mL,加入 28 mL 水混匀即得。

二、常用溶剂的性质与纯化

1. 石油醚

石油醚是石油分馏出来的多种烃类的混合物,实验室使用的石油醚依据沸点的高低常分为 30～60 ℃、60～90 ℃、90～120 ℃ 等几个馏分,其密度分别为 0.59～0.62、0.62～0.66、0.66～0.72。易燃,不溶于水。主要杂质为不饱和烃类,除去的方法是用 1/10 体积的浓硫酸洗涤 2～3 次,再用 10％的硫酸加入高锰酸钾配成的饱和溶液洗涤,直至水层中紫色不褪,然后再用水洗,经无水氯化钙干燥后蒸馏。若需绝对干燥的石油醚,可加入钠丝(见无水乙醚处理)。

2. 苯

沸点 80.1 ℃,熔点 5.5 ℃,d_4^{20}0.8765 g/mL,n_D^{20}1.5011。

苯不溶于水,能与乙醇互溶。普通苯含有少量噻吩。除去噻吩可用相当于苯体积 15％的浓硫酸洗涤数次,直至酸层呈无色或浅黄色,然后再分别用水、10％碳酸钠水溶液和水洗涤,用无水氯化钙干燥过夜,过滤后进行蒸馏,收集纯产品。

噻吩的检验:取 5 滴苯于小试管中,加入 5 滴浓硫酸和 1～2 滴 1‰ α,β-吲哚醌-浓硫酸溶液,振摇后呈墨绿色或蓝色,表示有噻吩存在。

3. 甲苯

沸点 110.6 ℃,d_4^{20}0.8660 g/mL,n_D^{20}1.4963。

普通甲苯可能含少量甲基噻吩。除去甲基噻吩,可将 100 mL 甲苯加入 100 mL 浓硫酸中,振荡约 30 min(温度不要超过 30 ℃),除去酸层,然后再分别用水、10％碳酸钠水溶液和水洗涤,以无水氯化钙干燥过夜,过滤后进行蒸馏,收集纯产品。

4. 二氯甲烷

沸点 39.7 ℃,d_4^{20}1.3266 g/mL,n_D^{20}1.4242。

使用二氯甲烷比氯仿安全,因此常常用它来代替氯仿作为比水重的萃取剂。普通的二氯甲烷一般都能直接作萃取剂。如需纯化,可用浓硫酸振荡数次,至酸层无色,水洗后,用 5％碳酸钠溶液洗涤,再用水洗涤,无水氯化钙干燥,蒸馏,收集 39.5～41 ℃的馏分,保存在棕色瓶中。

二氯甲烷不能用金属钠干燥,因为会发生爆炸。

5. 氯仿

沸点 61.7 ℃,d_4^{20}1.4832 g/mL,n_D^{20}1.4459。

氯仿不溶于水,在日光下易分解为 Cl_2、HCl、CO_2 和光气(剧毒),故应保存在棕色瓶中。市场上供应的氯仿多用 1％乙醇作稳定剂,以防止氯仿分解产生光气。

氯仿中乙醇的检验:可用碘仿反应;游离氯化氢的检验可用硝酸银的醇溶液。

氯仿的纯化方法有两种:①用其体积一半的水洗涤氯仿 5～6 次,除去乙醇,然后用无水氯化钙干燥 24 h,蒸馏;②取 1 L 氯仿用浓硫酸 50 mL,振荡后分去酸层,水洗,干燥,然后蒸馏。收集的纯品应于暗处保存,以免见光分解。氯仿遇金属钠会发生爆炸,所以不可用金属钠干燥。

6. 四氯化碳

沸点 76.8 ℃,d_4^{20}1.5940 g/mL,n_D^{20}1.4601。

四氯化碳不溶于水,但溶于有机溶剂。不易燃,能溶解油脂类物质,吸入或皮肤接触都会导致中毒。纯化时,可将 100 mL 四氯化碳加入 6 g 氢氧化钾溶于 6 mL 水和 10 mL 乙醇的溶液中,在 50~60 ℃振摇 30 min,然后水洗,再重复操作一次(氢氧化钾的量减半),分出四氯化碳层,先用水洗,再用少量浓硫酸洗至无色,再用水洗,无水氯化钙干燥,蒸馏,收集 76.7 ℃的馏分。

四氯化碳不能用金属钠干燥,否则会有爆炸危险。

7. 甲醇

沸点 64.7 ℃,d_4^{20}0.7914 g/mL,n_D^{20}1.3288。

普通未精制的甲醇含有 0.02% 丙酮和 0.1% 水。而工业甲醇中这些杂质的含量达 0.5%~1%。由于甲醇和水不能形成恒沸点混合物,故可用分馏法得到无水甲醇。也可采用镁制无水乙醇的方法制无水甲醇。甲醇有毒,处理时应防止吸入其蒸气。

8. 乙醇

沸点 78.4 ℃,d_4^{20}0.7893 g/mL,n_D^{20}1.3611。

制备无水乙醇的方法很多,应根据对无水乙醇质量的要求不同而选择不同的方法。

若要求制备 98%~99% 的乙醇,可采用下列方法:

(1)利用苯、水和乙醇形成低共沸混合物的性质,将苯加入乙醇中,进行分馏,在 64.9 ℃时蒸出苯、水、乙醇的三元恒沸混合物,多余的苯在 68.3 ℃与乙醇形成二元恒沸混合物被蒸出,最后蒸出乙醇。工业多采用此法。

(2)用生石灰脱水。于 100 mL 95% 乙醇中加入新鲜的块状生石灰 20 g,回流 3~5 h,然后进行蒸馏。

若要 99% 以上的乙醇,可采用下列方法:

(1)在 100 mL 99% 乙醇中,加入 7 g 金属钠,待反应完毕,再加入 27.5 g 邻苯二甲酸二乙酯或 5 g 草酸二乙酯,回流 2~3 h,然后进行蒸馏。金属钠虽能与乙醇中的水作用,产生氢气和氢氧化钠,但所生成的氢氧化钠又与乙醇发生平衡反应,因此单独使用金属钠不能完全除去乙醇中的水,须加入过量的高沸点酯,如邻苯二甲酸二乙酯与生成的氢氧化钠作用,抑制上述反应,从而达到进一步脱水的目的。

(2)在 60 mL 99% 乙醇中,加入 5 g 镁和 0.5 g 碘,待镁溶解生成醇镁后,再加入 900 mL 99% 乙醇,回流 5 h 后,蒸馏,可得到 99.9% 乙醇。由于乙醇具有非常强的吸湿性,所以在操作时,动作要迅速,尽量减少转移次数以防止空气中的水分进入,同时所用仪器必须事先干燥好。

9. 绝对乙醇

纯度更高的绝对乙醇(含量 99.95%)可按下法制取。

在 250 mL 干燥的圆底烧瓶中,加入 0.6 g 干燥纯净的镁丝和 10 mL 99.5% 的乙醇,安装回流冷凝管,冷凝管上口附加一支无水氯化钙干燥管。在沸水浴上加热至微沸,移去热源,立刻加入几粒碘(注意此时不要振荡),随即可见在碘粒附近发生反应,若反应较慢,可稍加热,若不见反应发生,可补加几粒碘。待金属镁全部作用完毕后,再加入 100 mL 99.5% 乙醇和几粒沸石,水浴加热回流 1 h。蒸馏,收集 78.5 ℃ 的馏分,储存在试剂瓶中,用橡胶塞或磨口塞封口。此法制得的绝对乙醇,纯度可达 99.99%。

10. 乙醚

沸点 34.51 ℃,d_4^{20} 0.7138 g/mL,n_D^{20} 1.3526。

乙醚是常用的有机溶剂,久置的乙醚容易产生过氧化物,蒸馏乙醚和制备无水乙醚时,首先必须检验有无过氧化物的存在,不然,容易发生危险。

乙醚中过氧化物的检验:取少量乙醚和等体积的 2% 碘化钾溶液,加入数滴稀盐酸,振摇,再加数滴淀粉溶液,如溶液呈蓝色或紫色,说明有过氧化物存在。

乙醚中过氧化物的除去:将乙醚置于分液漏斗中,加入相当于乙醚体积 1/5 的新配的硫酸亚铁溶液,用力振荡后,分去水层即可。

硫酸亚铁溶液的制备:在 110 mL 水中慢慢加入 6 mL 浓硫酸和 60 g 硫酸亚铁,溶解即可。

无水乙醚或绝对乙醚的制备:可先用氯化钙除去大部分水,再经金属钠干燥。其方法是,将 100 mL 乙醚放在干燥锥形瓶中,加入 20~25 g 无水氯化钙,瓶口用软木塞塞紧,放置 1 天以上,并间断摇动,然后蒸馏,收集 33~37 ℃ 的馏分。用压钠机将 1 g 金属钠直接压成钠丝放于盛乙醚的瓶中,用带有氯化钙干燥管的软木塞塞住。或在木塞中插一末端拉成毛细管的玻璃管,这样,既可防止潮气侵入,又可使产生的气体逸出。放置至无气泡发生即可使用。放置后,若钠丝表面已变黄变粗,须再蒸馏 1 次,然后再压入钠丝。

11. 二氧六环

沸点 101.5 ℃,熔点 12 ℃,d_4^{20} 1.0336 g/mL,n_D^{20} 1.4224。

二氧六环能与水任意混合,常含有少量二乙醇缩醛与水,久置的二氧六环可能含有过氧化物(鉴定和除去方法参阅乙醚)。

二氧六环的纯化方法是,向二氧六环中加入 10% 的浓盐酸,回流 3 h,在回流过程中,慢慢通入氮气以除去生成的乙醛。冷却后,加入固体氢氧化钾,直到不能再溶解为止,分去水层,再用固体氢氧化钾干燥 24 h,过滤,加入金属钠回流数小时,蒸馏,压入钠丝保存。

放久的二氧六环中可能含有过氧化物,要注意除去,然后再处理。

12. 四氢呋喃

沸点 67 ℃,d_4^{20} 0.8892 g/mL,n_D^{20} 1.4050。

四氢呋喃能与水互溶,常含有少量水分及过氧化物。可将市售的无水四氢呋喃用固体氢氧化钾干燥,放置 1~2 天,若干燥剂变形,产生棕色糊状,说明含有较多的水和过氧化物。经上述方法处理后,可用氢化铝锂在隔绝潮气下回流(通常 1 000 mL 需 2~4 g 氢化铝锂),直到加入钠丝和二苯酮出现深蓝色不褪,可停止回流,然后蒸馏,收集 66~67 ℃ 的馏分。由于久置的四氢呋喃易产生过氧化物,蒸馏时注意不要蒸干,以免发生爆炸。精制后的四氢呋喃加入钠丝并用氮气保护。如长期放置,应加 0.025% 的 2,6-二叔丁基-4-甲基苯酚作抗氧化剂。

处理四氢呋喃时,应先取少量进行实验。在确定其中只有少量水和过氧化物(作用不会过于激烈)时,方可进行纯化。四氢呋喃中的过氧化物可用酸化的碘化钾溶液来检验。如过氧物较多,需先除去过氧化物再进行纯化。

13. 苯甲醛

d_4^{20} 1.046 g/mL,n_D^{20} 1.5463。

苯甲醛久置后,易发生氧化反应而生成苯甲酸,可用 5%NaHCO$_3$ 溶液洗至无 CO$_2$ 放出为止。然后经蒸馏截取 170~180 ℃的馏分,最好用减压蒸馏收集 62 ℃/1 333 Pa 或 90.1 ℃/5 328 Pa 的馏分。蒸出的热液体避免暴露于空气中。

14. 丙酮

沸点 56.2 ℃,d_4^{20}0.7899 g/mL,n_D^{20}1.3588。

普通丙酮常含有少量的水及甲醇、乙醛等还原性杂质,可用下列方法精制。

(1)于 100 mL 丙酮中加入 0.5 g 高锰酸钾回流,若高锰酸钾紫色很快消失,再加入少量高锰酸钾继续回流,至紫色不褪为止。然后将丙酮蒸出,用无水碳酸钾或无水硫酸钙干燥,过滤后蒸馏,收集 55~56.5 ℃的馏分。用此法纯化丙酮时,须注意丙酮中含还原性物质不能太多,否则会过多消耗高锰酸钾和丙酮,使处理时间变长。

(2)将 100 mL 丙酮装入分液漏斗中,先加入 4 mL 10%硝酸银溶液,再加入 3.5 mL 1mol/L 氢氧化钠溶液,振摇 10 min,分出丙酮层,再加入无水硫酸钾或无水硫酸钙进行干燥。最后蒸馏收集 55~56.5 ℃的馏分。此法比方法(1)要快,但硝酸银较贵,只宜做小量纯化用。

15. 冰醋酸

沸点 117.9 ℃,熔点 16~17 ℃,d_4^{20}1.0492 g/mL,n_D^{20}1.3716。

将市售乙酸在 4 ℃下缓慢结晶,过滤,压干。少量的水可用五氧化二磷回流干燥几小时除去。冰乙酸对皮肤有腐蚀作用,触及皮肤或溅到眼睛时,要用大量水冲洗。

16. N,N-二甲基甲酰胺(DMF)

沸点 153 ℃,d_4^{20}0.9487 g/mL,n_D^{20}1.4305。

无色液体,能与多数有机溶剂和水互溶,是优良的有机溶剂。

市售的 DMF 含有少量水、胺和甲醛等杂质。在常压蒸馏时有些分解,产生二甲胺与一氧化碳,当有酸或碱存在时,分解加快,在加入固体氢氧化钾或氢氧化钠后,在室温放置数小时,即有部分分解。

纯化方法:先用硫酸钙、硫酸镁、氧化钡、硅胶或分子筛干燥,然后减压蒸馏,收集 76 ℃/4.79 kPa(36 mmHg)的馏分。如其中含水较多,可加入 1/10 体积的苯,在常压及 80 ℃以下蒸去水和苯,然后用硫酸镁或氧化钡干燥,再进行减压蒸馏。N,N-二甲基甲酰胺见光会慢慢分解为二甲胺和甲醛,故要避光储存。

N,N-二甲基甲酰胺中如有游离胺存在,可用 2,4-二硝基氟苯产生颜色来检查。

17. 乙酸乙酯

沸点 77.1 ℃,d_4^{20}0.9003 g/mL,n_D^{20}1.3723。

市售的乙酸乙酯含有少量水、乙醇和乙酸,可用下述方法精制。

(1)于 100 mL 乙酸乙酯中加入 10 mL 乙酸酐、1 滴浓硫酸,加热回流 4 h,除去乙醇和水等杂质,然后进行分馏,馏液用 2~3 g 无水碳酸钾振荡干燥后再蒸馏,产物沸点为 77 ℃,纯度可达 99.7%。

(2)将乙酸乙酯用等体积 5%碳酸钠溶液洗涤,再用饱和氯化钙溶液洗涤,然后用无水碳酸钾干燥后蒸馏。

18. 乙酸酐

沸点 139.6 ℃，d_4^{20} 1.081 g/mL，n_D^{20}1.3901。

乙酸酐久置后因吸收空气中的水分而水解为乙酸，可在实验前重新蒸馏提纯。

19. 二甲亚砜(DMSO)

沸点 189 ℃，熔点 18.5 ℃，d_4^{25}1.0954 g/mL，n_D^{20}1.4783。

二甲亚砜是无色、无臭、略带苦味的吸湿性液体，能与水互溶，是优良的极性非质子溶剂。常压下加热至沸可部分分解。市售试剂级二甲亚砜含水量约 1%。纯化方法：减压蒸馏后，用 4A 型分子筛干燥。或用氧化钙粉末(10 g/L)搅拌 4～8 h，再减压蒸馏，收集 64～65 ℃/533 Pa(4 mmHg)、71～72 ℃/2.80 kPa(21 mmHg)的馏分。蒸馏时温度不可超过 90 ℃，否则会发生歧化反应生成二甲砜和二甲硫醚。也可用氧化钡或无水硫酸钡等干燥，然后减压蒸馏。

二甲亚砜与某些物质混合时可能发生爆炸，如氢化钠、高碘酸或高氯酸镁等，使用时应注意。

20. 吡啶

沸点 115.5 ℃，d_4^{20}1.5095 g/mL，n_D^{20}0.9819。

分析纯吡啶含有少量水，如要制备无水吡啶，可用粒状氢氧化钾(或氢氧化钠)干燥过夜，然后进行蒸馏，即得无水吡啶。吡啶容易吸水，蒸馏时要注意防潮。干燥的吡啶吸水性很强，保存时应将容器口用石蜡封好。

21. 呋喃甲醛(糠醛)

沸点 161.7 ℃，d_4^{20} 1.1596 g/mL，n_D^{20}1.5261。

呋喃甲醛(糠醛)久置后成为黑色液体，使用前可蒸馏提纯，收集 160～162 ℃的馏分。最后用减压蒸馏，收集 54～55 ℃/1333 Pa 的馏分。新蒸馏的呋喃甲醛为无色或浅黄色液体。

附录四　常用元素相对原子质量简表

（以 ^{12}C 为基准）

元素名称(符号)	相对原子质量	元素名称(符号)	相对原子质量
氢(H)	1.00794	锡(Sn)	118.71
钠(Na)	22.9898	铅(Pb)	207.2
钾(K)	39.0983	氮(N)	14.0067
铜(Cu)	63.546	磷(P)	30.9738
镁(Mg)	24.3050	氧(O)	15.9994
钙(Ca)	40.078	硫(S)	32.066
钡(Ba)	137.327	铬(Cr)	52.9961
锌(Zn)	65.39	氟(F)	18.9984
汞(Hg)	200.59	氯(Cl)	35.4527
硼(B)	10.811	溴(Br)	79.904

元素名称(符号)	相对原子质量	元素名称(符号)	相对原子质量
铝(Al)	26.9815	碘(I)	126.9045
碳(C)	12.011	锰(Mn)	54.9380
硅(Si)	28.0855	铁(Fe)	55.845

附录五　与水形成的部分二元共沸物

(水的沸点为 100 ℃)

溶剂	沸点/℃	共沸点/℃	含水量/(%)	溶剂	沸点/℃	共沸点/℃	含水量/(%)
氯仿	61.2	56.3	3.0	正丙醇	97.2	88.1	28.2
苯	80.4	69.4	8.9	异丁醇	108.4	89.7	30.0
丙烯腈	78.0	70.0	13.0	二甲苯	137~140.5	92.0	35.0
二氯乙烷	83.7	72.0	19.5	正丁醇	117.7	93.0	44.5
乙腈	82.0	76.5	16.3	吡啶	115.1	92.6	43.0
乙醇	78.3	78.5	4.4	异戊醇	131.0	95.2	49.6
乙酸乙酯	77.1	70.4	8.1	正戊醇	138.3	95.4	54.0
异丙醇	82.4	80.4	12.2	氯乙醇	129.0	97.8	57.7
甲苯	110.5	85.0	20.2				

附录六　常用酸碱溶液密度及组成

表 1　盐酸

HCl质量分数/(%)	密度(d_4^{20})/(g/mL)	100 mL 水溶液中含 HCl 质量/g	HCl质量分数/(%)	密度(d_4^{20})/(g/mL)	100 mL 水溶液中含 HCl 质量/g	HCl质量分数/(%)	密度(d_4^{20})/(g/mL)	100 mL 水溶液中含 HCl 质量/g
1	1.0032	1.003	14	1.0675	14.95	28	1.1392	31.90
2	1.0082	2.016	16	1.0776	17.24	30	1.1492	34.48
4	1.0181	4.072	18	1.0878	19.58	32	1.1593	37.10
6	1.0279	6.167	20	1.0980	21.96	34	1.1691	39.75
8	1.0376	8.301	22	1.1083	24.38	36	1.1789	42.44
10	1.0474	10.47	24	1.1187	26.85	38	1.1885	45.16
12	1.0574	12.69	26	1.1290	29.35	40	1.1980	47.92

通常所用的浓盐酸的密度(d_4^{20})为 1.18 g/mL。

表 2　硫酸

H$_2$SO$_4$质量分数/(%)	密度(d_4^{20})/(g/mL)	100 mL 水溶液中含 H$_2$SO$_4$质量/g	H$_2$SO$_4$质量分数/(%)	密度(d_4^{20})/(g/mL)	100 mL 水溶液中含 H$_2$SO$_4$质量/g	H$_2$SO$_4$质量分数/(%)	密度(d_4^{20})/(g/mL)	100 mL 水溶液中含 H$_2$SO$_4$质量/g
1	1.0015	1.005	40	1.3028	52.11	91	1.8195	165.6
2	1.0118	2.024	45	1.3476	60.64	92	1.8240	167.8
3	1.0184	3.055	50	1.3951	69.76	93	1.8279	170.0
4	1.0250	4.100	55	1.4453	79.49	94	1.8312	172.1
5	1.0317	5.159	60	1.4983	89.90	95	1.8337	174.2
10	1.0661	10.66	65	1.5533	101.0	96	1.8355	176.2
15	1.1020	16.53	70	1.6105	112.7	97	1.8364	178.1
20	1.1394	22.79	75	1.6692	125.2	98	1.8361	179.9
25	1.1783	29.46	80	1.7272	138.2	99	1.8342	181.6
30	1.2185	36.56	85	1.7786	151.2	100	1.8305	183.1
35	1.2599	44.10	90	1.8144	163.3			

通常所用的浓硫酸的密度(d_4^{20})为 1.84 g/mL。

表 3　硝酸

HNO$_3$质量分数/(%)	密度(d_4^{20})/(g/mL)	100 mL 水溶液中含 HNO$_3$质量/g	HNO$_3$质量分数/(%)	密度(d_4^{20})/(g/mL)	100 mL 水溶液中含 HNO$_3$质量/g	HNO$_3$质量分数/(%)	密度(d_4^{20})/(g/mL)	100 mL 水溶液中含 HNO$_3$质量/g
1	1.0036	1.004	40	1.2463	49.85	91	1.4850	135.1
2	1.0091	2.018	45	1.2783	57.52	92	1.4873	136.8
3	1.0146	3.004	50	1.3100	65.50	93	1.4892	138.5
4	1.0201	4.080	55	1.3393	73.66	94	1.4912	140.2
5	1.0256	5.128	60	1.3667	82.00	95	1.4932	141.9
10	1.0543	10.54	65	1.3913	90.43	96	1.4952	143.5
15	1.0842	16.26	70	1.4134	98.94	97	1.4974	145.2
20	1.1150	22.30	75	1.4337	107.5	98	1.5008	147.1
25	1.1469	28.67	80	1.4521	116.2	99	1.5056	149.1
30	1.1800	35.40	85	1.4686	124.8	100	1.5129	151.3
35	1.2140	42.49	90	1.4823	133.4			

通常所用的浓硝酸的密度(d_4^{20})为 1.42 g/mL。

表 4　氢氧化钠

NaOH 质量分数 /(%)	密度 (d_4^{20}) /(g/mL)	100 mL 水溶液中含 NaOH 质量/g	NaOH 质量分数 /(%)	密度 (d_4^{20}) /(g/mL)	100 mL 水溶液中含 NaOH 质量/g	NaOH 质量分数 /(%)	密度 (d_4^{20}) /(g/mL)	100 mL 水溶液中含 NaOH 质量/g
1	1.0095	1.000	18	1.1972	21.55	36	1.3900	50.04
2	1.0207	2.041	20	1.2191	24.38	38	1.4101	53.58
4	1.0428	4.171	22	1.2411	27.30	40	1.4300	57.20
6	1.0648	6.389	24	1.2629	30.31	42	1.4494	60.87
8	1.0869	8.695	26	1.2848	33.40	44	1.4685	64.61
10	1.1089	11.09	28	1.3046	36.58	46	1.4873	68.42
12	1.1309	13.57	30	1.3279	39.84	48	1.5065	72.31
14	1.1530	16.14	32	1.3490	43.17	50	1.5253	76.27
16	1.1751	18.80	34	1.3196	46.57			

表 5　碳酸钠

Na$_2$CO$_3$ 质量分数 /(%)	密度(d_4^{20}) /(g/mL)	100 mL 水溶液中含 Na$_2$CO$_3$ 质量/g	Na$_2$CO$_3$ 质量分数 /(%)	密度(d_4^{20}) /(g/mL)	100 mL 水溶液中含 Na$_2$CO$_3$ 质量/g
1	1.0086	1.009	12	1.1244	13.49
2	1.0190	2.038	14	1.1463	16.05
4	1.0398	4.159	16	1.1682	18.69
6	1.0606	6.364	18	1.1905	21.43
8	1.0816	8.654	20	1.2132	24.26
10	1.1029	11.03			

附录七　常用有机溶剂的沸点和密度

名　称	沸点/℃	密度/(g/mL)
甲醇	64.96	0.7914
乙醇	78.5	0.7893
乙醚	34.51	0.7138
丙酮	56.2	0.7899

续表

名　称	沸点/℃	密度/(g/mL)
乙酸	117.9	1.0492
乙酸酐	140.0	1.0820
乙酸乙酯	77.06	0.9003
苯	80.1	0.8787
甲苯	110.6	0.8669
氯仿	61.7	1.4832
四氯化碳	76.8	1.5940
二硫化碳	46.25	1.2632

附录八　有机化合物手册中常见的英文缩写(部分)

英文缩写	注释	英文缩写	注释
abs	绝对的	m. p.	熔点
A(ac)	酸	b. p.	沸点
Ac	乙酰(基)	s	可溶的
ace	丙酮	s	秒
al	醇	sl	微溶
B	碱	so	固体
aq	水的	sol	溶液
Bz	苯	solv	溶剂
DCM	二氯甲烷	THF	四氢呋喃
cryst.	结晶	Tol. (to.)	甲苯
DMF	二甲基甲酰胺	v	非常
dil.	稀释	w	水
Et	乙基	δ	微溶
h	小时	∞	无限溶
liq	液体	C. P.	化学纯
mL	毫升	A. R.	分析纯
		G. R.	优级纯

附录九　常用法定计算单位

表 1　国际单位制的基本单位

量 的 名 称	单 位 名 称	单 位 符 号
长度	米	m
质量	千克	kg
时间	秒	s
电流	安[培]	A
热力学温度	开[尔文]	K
物质的量	摩[尔]	mol
发光强度	坎[德拉]	cd

表 2　国际单位制中具有专门名称的导出单位

量 的 名 称	单 位 名 称	单 位 符 号	其他表示示例
平面角	弧度	rad	1
立体角	球面度	sr	1
频率	赫[兹]	Hz	s^{-1}
力,重力	牛[顿]	N	$kg \cdot m/s^2$
压力,压强,应力	帕[斯卡]	Pa	N/m^2
能量,功,热	焦[耳]	J	$N \cdot m$
功率,辐射通量	瓦[特]	W	J/s
电荷量	库[仑]	C	$A \cdot s$
电位,电压,电动势	伏[特]	V	W/A
电容	法[拉]	F	C/V
电阻	欧[姆]	Ω	V/A
电导	西[门子]	S	A/V
磁通量	韦[帕]	Wb	$V \cdot s$
磁能量密度,磁感应强度	特[斯拉]	T	Wb/m^2
电感	亨[利]	H	Wb/A
摄氏温度	摄氏度	℃	—
光通量	流[明]	lm	$cd \cdot sr$
光照度	勒[克斯]	lx	lm/m^2
放射性活度	贝可[勒尔]	Bq	s^{-1}
吸收剂量	戈[瑞]	Gy	J/kg
剂量当量	希[沃特]	Sv	J/kg

表3   国际单位制中其他常用的导出单位

量 的 名 称	量 的 符 号	单 位 名 称	单 位 符 号
面积	$A,(S)$	平方米	m^2
体积	V	立方米	m^3
体积质量,[质量]密度	ρ	千克每立方米	kg/m^3
B 的浓度,B 的物质的量浓度	c_B	摩[尔]每立方米	mol/m^3

表4   国家选定的非国际单位制单位

量 的 名 称	单 位 名 称	单 位 符 号	换算关系和说明
时间	分	min	1 min=60 s
	[小]时	h	1 h=60 min=3 600 s
	天 [日]	d	1 d=24 h=86 400 s
平面角	[角]秒	(″)	$1''=(\pi/648\ 000)rad$(π 为圆周率)
	[角]分	(′)	$1'=60''=(\pi/10\ 800)rad$
	度	(°)	$1°=60'=(\pi/180)rad$
旋转速度	转每分	r/min	1 r/min=(1/60)r/s
长度	海里	n mile	1n mile=1852 m(只用于航程)
速度	节	kn	1 kn=1n mile/h=(1 852/3 600)m/s(只用于航程)
质量	吨	t	$1\ t=10^3\ kg$
	原子质量单位	u	$1\ u\approx1.660\ 540\times10^{-27}\ kg$
体积	升	L,(l)	$1\ L=1\ dm^3=10^{-3}\ m^3$
能	电子伏	eV	$1\ eV\approx1.602\ 177\times10^{-19}\ J$
级差	分贝	dB	用于对数量
线密度	特[克斯]	tex	1 tex=1 g/km
土地面积	公顷	hm^2,(ha)	$1\ hm^2=10^4\ m^2=0.01\ km^2$

表5   习惯使用而应废除的单位

量 的 名 称	单 位 名 称	单 位 符 号	换算关系和说明
长度	埃	Å*	$1\ Å=10^{-8}\ cm=10^{-10}\ m$
	micron	μ	$1\ \mu=10^{-6}\ m=1\ \mu m$
	费密	Fermi	$1\ Fermi=10^{-15}\ m=1\ fm$
面积	公亩	a*	$1\ a=10^2\ m^2$
	公顷	ha*	$1\ ha=10^4\ m^2$

续表

量 的 名 称	单 位 名 称	单位符号	换算关系和说明
力	千克力	kgf	$1\ kgf=9.8\ N$
	达因	dyn	$1\ dyn=10^{-5}\ N$
能	尔格	erg	$1\ erg=10^{-7}\ J$
［动力］黏度	泊	P	$1\ P=1\ dyn \cdot s/cm^2=10^{-1}\ Pa \cdot s$
运动黏度	斯［托克斯］	St	$1\ St=1\ cm^2/s=10^{-4}\ m^2/s$
磁通量密度磁感应强度	高斯	Gs	$1\ Gs\approx10^{-4}\ T$
磁场强度	奥斯特	Oe	$1\ Oe\approx79.578\ A/m$
磁通量	麦克斯韦	Mx	$1\ Mx\approx10^{-8}\ Wb$
压力	巴	bar	$1\ bar=10^5\ Pa$
	标准大气压	atm	$1\ atm=101\ 325\ Pa$
	托	Torr	$1\ Torr=133.322\ 5\ Pa$
	毫米汞柱	mmHg	$1\ mmHg=133.322\ Pa$
	毫米水柱	mmH₂O	$1\ mmH_2O=9.806\ Pa$
热量	卡	cal	$1\ cal=4.186\ 8\ J$
功率	［米制］马力		$1\ 马力=735.499\ W$
放射性强度	居里	Ci	$1\ Ci=3.7\times10^{10}\ Bq$
照射量	伦琴	R	$1\ R=2.58\times10^{-4}\ C/kg$
物质的量浓度	体积克分子浓度	M	$1\ M=1\ mol/L=10^3\ mol/m^3$

单位符号后标有＊号的单位,国际上尚暂用于某些特定领域,但也只是暂时的。

附录十　有机化学常用辞典、手册和实验参考书

一、辞典、手册

1.王箴.化工辞典[M].4 版.北京:化学工业出版社,2005.

2.英汉化学化工词汇[M].5 版.北京:科学出版社,2016.

3.汉译海氏有机化合物辞典[M].北京:科学出版社,1964.

4. Stecher P G. The Merck Index [M]. 9th ed. New York：Merck Research Laboratories Division of Merck & Co. Inc. , 1976.

5. Weast R C. Handbook of Chemistry and Physics [M]. 55th ed. Florida：PDC Press Inc. , 1974.

二、实验参考书

1. 兰州大学,复旦大学化学系有机教研室. 有机化学实验[M]. 2 版. 北京:高等教育出版社,2006.

2. 北京大学化学系有机教研室. 有机化学实验[M]. 3 版. 北京:北京大学出版社,2015.

3. 曾昭琼. 有机化学实验[M]. 3 版. 北京:高等教育出版社,2006.

4. 谷亨杰. 有机化学实验[M]. 3 版. 北京:高等教育出版社,2017.

5. 黄涛. 有机化学实验[M]. 2 版. 北京:高等教育出版社,2010.

6. Mackenzie C A. Experimental Organic Chemistry [M]. 4th ed. New York：Prentice Hall Inc. ,1971.

7. 屠树滋. 有机化学实验与指导[M]. 北京:中国医药科技出版社,1993.

8. 高占先. 有机化学实验[M]. 5 版. 北京:高等教育出版社,2016.

9. 蔡炳新,陈贻文. 基础化学实验[M]. 北京:科学出版社,2007.